建筑施工架结构设计方法

余宗明　著

中国建筑工业出版社

图书在版编目（CIP）数据

建筑施工架结构设计方法/余宗明著. —北京：中国
建筑工业出版社，2012.4
ISBN 978-7-112-14040-4

Ⅰ.①建…　Ⅱ.①余…　Ⅲ.①建筑工程-脚手架-结
构设计　Ⅳ.①TU731.2

中国版本图书馆 CIP 数据核字（2012）第 021349 号

　　建筑施工架包括脚手架和模板支撑架，近年来其安全问题凸显，而架体的结构设计直接影响到架体稳定性和承载力。作者凭借多年实践经验和艰苦的理论探索，建立了一套完整的建筑施工架设计方法。建筑施工架的主体是落地式立杆和交叉连接的横杆，可称之为"网格式结构"，其设计的重点在于整体结构的构成方法和结构计算方法两部分。本书结合计算简图，对施工架分别进行了杆件内力分析，提供了相应的杆件承载力计算公式和计算实例，对建筑施工架的结构试验方法也提供了实际指导，深入浅出，简单易懂，掌握了本书的设计方法，即可确保建筑施工架的安全使用。本书从理论和实践上都提供了有价值的信息，是模架专业公司、施工企业和院校的科研人员必不可少的参考书。

＊　　＊　　＊

责任编辑：曾　威
责任设计：张　虹
责任校对：姜小莲　陈晶晶

建筑施工架结构设计方法

余宗明　著

＊

中国建筑工业出版社出版、发行（北京西郊百万庄）
各地新华书店、建筑书店经销
霸州市顺浩图文科技发展有限公司制版
北京云浩印刷有限责任公司印刷

＊

开本：787×1092毫米　1/16　印张：9¾　插页：1　字数：244千字
2013年1月第一版　　2013年1月第一次印刷
定价：**25.00**元
ISBN 978-7-112-14040-4
（22086）

版权所有　翻印必究

前　　言

建筑施工架这一称谓似乎有些陌生，实际上是脚手架和模板支撑架的统称，起初的脚手架以木质、竹质为主体，近 30 年的发展脚手架由木质与竹质走向金属化，由简单的杉篙、竹篙发展为具有专门构造的金属构配件，由于采用的杆件连接方法的不同成为多种专利产品。技术多样性的发展使简单的施工操作变为需要理论指导的结构技术。新型脚手架的另外一个重要突破还反映在其使用范围，已由单纯的脚手架发展到以支撑结构为主体的模板支撑架。这也是建筑科学发展的必由之路。这种综合性的发展就不能再继续使用"脚手架"这一原始概念，也可以说这是我国在建筑施工技术发展中的新进展。

建筑施工架在我国的发展并非一帆风顺，虽然早期技术引进并不困难，但是由于施工技术发展的迅猛，技术要求远远超过了木脚手架时代，技术要求提高主要反映在架体的高度和承重能力两个方面：高度由 20m 提高到近百米；其次是荷载承载力，由原来的 $2\sim3kN/m^2$ 提高到 $30\sim50kN/m^2$，甚至更高。但是客观现实是施工架的技术并未达到如此高度，于是导致事故的发生。而这种状况从 20 世纪末延续至今，仍未得到"有效"的控制，其原因是多方面的。建筑施工架安全事故的频繁发生当然会引起有关领导的重视，2003 年的杭州重大事故发生后，副总理吴仪为此专门发了通电。这个通电引起大家对这一问题的重视，同时引发了对脚手架安全使用的研讨浪潮。各高等院校、科研机构以及各大企业纷纷投入研究，2008 年建设部将编制"规范"列入企业升级条件更引起了争抢规范编制权的竞争，可谓达到了"脚手架安全热"的地步。但是至今建筑施工架安全使用的问题仍未解决。其根本原因在于施工技术这门科学误入了经验主义的道路，忽视了基本理论的研究。

施工架的使用起始于实际工程，无人注意到它的理论与结构计算，这就是问题的关键所在。20 世纪 50 年代我国的结构学和结构力学已取得相当好的成果，但在 60 年代政治运动的影响下这种发展成果并未得到充分的认识，60 年代后期直到 70 年代末是科技发展的停滞期，待到 80 年代高等教育的恢复之后中间出现了一个断层。同时电脑应用的副作用削弱了力学计算的基础学科。近年来脚手架的研究中出现了一些反常的现象，即不用成熟的结构力学进行计算，却反而采用理论并不成熟的"半刚性"节点假设，使建筑施工架技术走进了死胡同。《建筑施工碗扣式钢管脚手架安全技术规范》JGJ 166—2008 就是在这个历史背景下编制的，该规范从 2004 年开始编制，确定以结构力学为指导，辅之以建筑施工架倒塌事故的原因分析，最终认定事故发生的主要原因在于整体结构的构成没有按照杆系结构的几何不变性的要求来搭设。以此为契机，以节点"铰接"为基本假设，较完整地确定了结构计算方法和程序。

2009 年颁布了《建筑施工碗扣式钢管脚手架安全技术规范》，这是继 2001 年颁布的《建筑施工扣件式钢管脚手架安全技术规范》8 年后在技术上的重大进展，充分展示了独创性和先进性的成果。新规范的突破主要表现在以下三点：一是规范适用的范围由单纯的脚手架扩大到模板支撑架；二是将建筑施工架"整体"结构构成纳入结构设计和计算，填补了原有规范的重大缺失；三是将建筑施工架结构的设计系统化和完整化，做到了基础理论完整清晰，易于掌握，既便于指导施工，又可保证施工安全。

新规范颁布已经 3 年多了，但是至今收效并不明显，这不得不使人思考其症结所在。新规范执行的 3 年多时间里笔者有机会参加规范的贯彻推广会、施工架方案的技术评估、脚手架的结构试验，乃至一些新的建筑支撑架规范的编制工作。通过这些工作才逐步了解到所存在的问题。首先一个问题，"碗扣架规范"中的某些细节和插图在审查过程中被略去了，使得其完整性受到影响；其次是新规范的基础理论与"扣件架规范"是完全不同的，而后者使用已有近十年，其影响难以忽视。最重要的还在于 20 世纪 80 年代大学毕业的工民建专业学生（现在已是工作骨干）在结构力学方面基础不足，对电脑应用的认识有误解，认为电脑可以代替力学。在有关的会议上可以看出这种情况，不谈结构的具体计算，而是盲目依靠电脑软件，形成了许多模糊观念。为了澄清这些问题，本书从建筑施工架的结构设计、力学分析和结构试验三方面进行较为全面、系统的介绍，以达到理想的应用效果。

结合近年来参加有关建筑施工架的研究和讨论所牵涉的问题，希望做到统一观点，达到科学的分析和判断目的。从目前来看，影响建筑施工架规范应用和技术发展的主要问题有以下两方面：

（1）扣件式脚手架规范中的基本理论和相应的公式、系数等与碗扣式钢管架规范不同，不能套用。

（2）电脑计算法与三大力学的衔接极不清楚。电脑计算法普遍不能阐明其力学原理，软件的具体应用条件不明确，无法将实际架体计算套入软件以达到实际应用。

形成这种状况的原因很多，从大学教育中的力学课程、电脑应用，直到现场工程师对三大力学知识的掌握，都需要全面努力予以改善。

本书的编写经历了一个曲折的过程，原来只是从解读碗扣架规范的角度出发。经历了一段实践，感到与现场工程师的需要尚有差距，因而写作方向有了改变，不仅以易掌握的工具书为主要目标，而且将理论概念溶入到脚手架实际应用经验中，使具有理论基础的工程师适当复习三大力学即可牢固掌握；对于现场实际操作者，只要掌握现场工作要领即可保证架体安全。为了达到这一目的，本书重点叙述了方案编制和结构计算的具体环节，从结构计算简图到结构的机动分析，从整体结构的力学分析到具体计算公式各个步骤给以详尽的叙述，并给出大量的计算实例，给读者以解决实际问题的能力。本书还对较为重要的理论问题给予理论证明与推导，有助于更深入地了解解决问题的方法。

为了能使本书较为全面地阐述建筑施工架的方方面面，除专门一章叙述结构试验之外，在最后一章收录了几个工程的专业施工方案并对其进行点评，可能会对读者有所助益。

当然，建筑施工架的安全使用是一个牵涉面很广的问题，本人的学识也较为有限，望读者多提宝贵意见，欢迎来电探讨，联系电话（010）63046449。

余宗明

目　　录

1 绪 论

1.1 建筑施工架技术的由来及现状

建筑施工架对大多数人来说是一个陌生的名词，大家比较习惯于把为施工服务的临时架体称之为脚手架。这个新的名称是由于建筑施工技术的发展，脚手架逐步金属化并扩大了脚手架的应用范围，由单纯的脚手架转变为两种类型：一类是用于提供施工人员操作平台的脚手架，而另一类是以支撑现浇钢筋混凝土模板为主要用途的模板支撑架。由于这两种用途不同，其结构主要形式和结构计算具有不同的方法，因而将二者整体称为"建筑施工架"（construction framework），将为操作人员提供操作台的架体称为"脚手架"（scaffolding），而将模板支撑架称为"支撑架"（supporting frame）。这样的划分有助于叙述、分析和讨论，故本书以建筑施工架作命题。

建筑施工用的脚手架应当是施工架的鼻祖，从中国的应用历史看，脚手架的应用已有2000 年以上。众所周知，中国的主要建筑材料是砖，"秦砖汉瓦"就说明了秦朝时就已广泛采用砖砌体作为围护和承重结构，在我国古代，重要的防御手段就是城墙（它也主要是砖砌体）。作为砖砌体的施工没有脚手架是不可能进行的，因而脚手架的应用具有悠久的历史。

脚手架在古代以杉篙和竹竿为主，形成了竹木脚手架的施工技术。当时只是以麻绳连接，就使杉篙脚手架完成了相当高大的工程，可见其技术具有相当高的水平，这种以杉篙为主体的脚手架虽没有结构理论的指导，但是经多年实践，匠人们也积累了丰富的经验。譬如杉篙脚手架中对"十字盖"和"压栏子"等斜撑就有严格的规定，说明他们对杆件体系结构构成之一的斜杆比我们现在许多工程师的认识还要高明。这就是为什么杉篙脚手架时代，架子倒塌事故比现在少的根本原因。

杉篙脚手架的应用一直沿用到中华人民共和国成立后的 20 世纪 50 年代到 80 年代。虽然只有经验和技能，但在新中国早期建设中却发挥了重要作用，完成了许多高大复杂的建设工程。从 20 世纪 70 年代后期，我国建筑向高层发展，由原来的 6 层砖混结构转向10 层以上的钢筋混凝土结构，我国的架子工贡献了极大的聪明才智，创造了插口架、挂架、吊篮架以及高耸结构特殊用途的脚手架。在这些工程中的技术创造值得我们铭记，它对今后脚手架技术的发展提供了有用的素材和经验。

金属脚手架的引入最早是 20 世纪 60 年代末到 70 年代初，最初是从节约木材的角度出发，最早引入的就是扣件式钢管架，随之而来的是门式架，以及后来自我开发的碗扣式钢管架等。借改革开放的大好形势，脚手架技术得到了空前的发展和繁荣，其中重要一点是技术的互相渗透，将脚手架的应用扩展到模板工程中，用钢管架代替模板工程的支撑体，于是形成了现在的建筑施工架格局。

20 世纪 80 年代开始的技术引进与开发的特点是以钢管为主体杆件，但节点及构造种类繁多，技术性能各不相同，其中又多具有专利，因而缺乏统一的规范和标准，开始出现管理上不够严格的混乱状况。而在工程应用上却不断提出更高的要求，荷载由轻到重，体型由低到高，因而倒塌事故开始出现，并由偶然出现转为频繁发生，造成了安全管理上的头痛问题。

分析这段历史，其主要问题是新型施工架在构造上种类繁多，但结构可靠性和承载力都无明确的指标；规范管理和编制赶不上实际的需要。直到 2009 年，只有一个"扣件式钢管架规范"，其中还缺乏最重要的整体结构设计和力学分析方法。之后近十年的工程实践，安全事故频发，引起领导重视后于 2004 年着手编制"碗扣式脚手架规范"。该规范从2009 年发布实施，至今虽取得一定效果，但仍不够理想。

1.2 建筑施工架的安全问题

建筑施工架自进入 21 世纪开始，不断发生多人死伤的重大倒塌事故，引起了业界的关注，当然也惊动了部委及国家领导，2003 年由国务院领导签发对事故的处理意见的通知。当时的舆论认为事故发生的原因主要归结于架体构配件质量问题，尤其集中在扣件的质量和钢管壁厚方面。当时在报纸及文件上的标题是"三个红头文件管不住一个扣件的质量"，现在看来这种认识具有很大的片面性。

对于每一次重大事故，专家们分析的原因很多，除了构配件材质之外，更多是"工人操作不当"、"没按规矩搭设"等等。在这种众说纷纭的情况下，脚手架（或支撑架）的安全似乎已成为疑案（主因并不明确），许多工程师将之视为畏途。

脚手架（或支撑架）的安全问题并非简单的一般行政管理问题，而是具有一定深度的结构技术问题，需要较深入的分析才能找出其真正的原因，找到解决的办法，单纯发几个文件或领导指示确实不能解决问题。

事故的频发也与社会发展中的瑕疵有关。譬如 20 世纪 90 年代以后的体制改革，主要科研单位纷纷企业化，建筑企业商业化，削弱了技术开发的力度，使建筑技术的理论研究陷入了低谷；理论研究中以电脑代替建筑结构理论研究的倾向也造成了巨大的负面影响。

表现最为明显的就是当时"扣件式钢管架技术规范"在结构计算中忽略了整体结构的构造，实际上只讨论了构件承载力的计算，而没有整体结构的内力分析，这是该规范的不足；由于没有讨论整体结构，因而忽略了对杆件体系组成最重要的几何不变性的分析，大多数结构的倒塌都与此有关，最后在主杆计算长度确定方法上，违背了轴心受压杆的材料力学方法，使得杆件在承载能力上产生重大隐患，说明规范编制者并没有认真对结构理论进行科学的分析，影响了其正确性。

有关脚手架（或支撑架）安全技术规范在更大程度上应是"技术"规范，而不单纯是安全规范，应当更偏重于技术性，而且在结构力学理论上的内容应成为其主要内容。

1.3　建筑施工架技术走入困境的历史背景

前面讲到了建筑施工架技术发展的历史和存在的问题。近年来由于党中央和国务院对安全问题的重视，建筑施工架的规范编制和技术研究有了一定的发展。"碗扣式钢管架安全技术规范"的颁布和执行引发了新的讨论热潮，尤其是住房和城乡建设部提出了把编制国家级规范作为进入特级企业的评级条件后，各个施工企业和大专院校、科研单位纷纷争取承担编制建筑施工架规范，形成了一股新潮流，本人除参加了碗扣式钢管架规范的编制外，又被邀请参加支撑架规范的编制。通过规范的编制和贯彻，广泛地接触规范编制者，感到以企业升级为主要目的向施工架规范进军的思想影响了科技创新的作用，主要问题是跳不出原有扣件式脚手架规范的圈子，不能用科学的世界观创造性地开展工作，因而收效甚微；此外有些新的想法缺乏现场经验，不能与实际相结合。以结构试验为例，由于目标不明确、不能抓住重点，因而也很难达到效果。笔者认为还需要对施工架的研究提出一些思想路线，避免封闭在某个小圈子内，难以前进。

为了解决这一问题，应当对我国施工技术发展的历史背景作一个回顾，以使施工架技术开创一个新局面。早在建国初期的 20 世纪 50 年代，我国技术人员在党的领导下，向科学进军的路线鼓舞着科技人员勇攀高峰，因而以结构力学为主体理论指导解决现场实际问题，取得了飞速的发展，但到了 20 世纪 50 年代末期由于政治路线的影响，使得建筑技术的研究受到极大的摧残，许多优秀的工程师和教授学者被推下历史舞台，使得结构力学的发展受到了极大的阻碍，结构力学研究走向没落，这种状况在 1966～1976 年的十年动乱中发展到了极致，建筑施工和结构专业走向停滞。改革开放以后，恢复了高考，这种状况得以扭转，但是由于这一段的空白使得建筑技术"忘记"了老一代力学家的研究成果，这种"忘记"导致新的大学教学内容纳入了电脑计算后，许多学生及老师错误地认为电脑计算可以代替结构力学，目前有关脚手架的讨论会上有很多人采用美国软件来解决脚手架结构计算问题，讨论者在相当大的程度上不能从结构力学角度谈计算问题，双方处于无法讨论的状况，这就是问题的症结。如果不克服这个症结，有可能使脚手架结构计算问题不能进入正确的轨道。

1.4　建筑施工架与结构力学

从上述讨论可以看出施工架安全的问题主要在于施工架的结构设计和结构计算，如果没有正确的结构设计，施工架承受荷载的能力也是不可能保证的。而施工架的设计必须在结构力学的理论控制下才能实现，因此施工架的安全使用就不得不依靠结构力学这门学问。

实际上结构力学的基础是理论力学和材料力学。20 世纪 50～60 年代工民建专业（或结构专业）主要基础理论课和专业理论课就是这几门，而掌握这几门课程就成为在大学中的主要任务。这种状况在 20 世纪 70 年代以后新的大学教学大纲似有很大削弱。削弱的主要原因有二：一是增加了大量管理性课程；二是错误地认为电脑的运用可以代替力学计算或部分力学计算。这种认识对学生努力掌握重要的结构力学内容是极为有害的。20世纪70年代以前的工民建专业学生可以毫不费力地解桁架的内力、计算梁应力等等，但现在的情况却恰恰相反，规范中提出的几何不变性要求，中心受压杆承载力计算以及欧拉公式很多早已被遗忘，因而掌握规范就很困难。

实际上在施工架结构设计和计算中应用的结构力学知识都是上述三大力学中的基本概念（也就是作为结构工程师能予掌握和熟练应用的内容）。核心计算只有三个：一是杆件体系结构的机动分析方法；二是中心受压杆承载能力的计算方法（包括欧拉公式），也就是稳定的计算公式；三是解算超静定杆系结构的方法，其基本原理就是材料为弹性阶段（服从胡克定律），利用变形协调条件计算结构内力（或内力分析）的方法。

鉴于上述情况，研究和编制建筑施工架的过程应当加强继承以牛顿力学为基础的结构力学，扭转目前施工架技术发展的尴尬局面。从目前来看住房和城乡建设部对编制规范的奖励措施提高了规范编制的积极性，但是规范编制人员的理论水平对规范质量有直接影响，很多脚手架模板公司或建筑企业的参加人员并不是结构工程师，其中相当一部分是机械工程师，这样编制出来的规范，许多是照抄老规范，虽然增补了一些次要内容，但并未针对原有规范之缺点和不足，因而无法达到创立新的具有理论依据又结合现场实际的目的，很难达到理论与实际都良好的目标。

1.5 结构计算和电脑之应用

在施工架结构计算中运用电脑，无疑是发展的主要趋势，但是综观近年来结构计算中电脑的应用，感到在这方面的发展并不理想。其原因是有些研究者认为力学研究本身可以用电脑来取代，实际上这是错误的，因为力学有它自己的规律，是独立的科学体系，不能被取代。正确使用电脑应当是在力学理论的基础上运用电脑的精确高速运算能力解决数学的繁难问题。就以结构力学中框架结构计算为例，往往具有几十次甚至上百次超静定，不论采用力法还是位移法，解方程的计算就是极为繁难的，而用电脑计算就变得极为容易。但是目前在施工架计算研究中，许多研究者在研究报告中，只说明采用电脑计算，把问题一带而过，既不说明力学计算原理是什么，也不说各种数据的关系是什么，以及如何从力学计算公式转化为电脑计算的，因而使别人无法讨论它的正确与错误。这种掩盖计算基本原理的作法并非科学，所提供的数值和结论也是无法被人接受的。

目前在结构研究中运用电脑的问题，主要是出现在从力学向电脑转化的这个过程，它是一个薄弱环节，大学的这两门课程是分别由电脑课程和力学课程两个不相关的教研组进行的，如何过渡成为一道鸿沟。按道理来说这个问题主要应当由力学教师加以解决，但是由于前述力学教学的发展状况，自然导致这方面的不足。从施工架结构计算发表的论文看，采用电脑计算的占70%以上，但是所发表的论文没有一篇能够很好地解答这一问题。笔者提出一个大胆的看法，就是大多数结构工程师和教师本身并没有熟练掌握力学概念，更未能掌握转化为电脑计算的技术，因而所发表的论文才没有说服力。举例来说，笔者在一次模架协会的年会上与一个名牌大学的硕士讨论他写的有关竹脚手架的论文，该论文是他的研究生毕业论文，问及论文中的公式和计算原理时，该硕士表示对"电脑计算也不掌握，实际上也没有足够的时间来研究，只能根据电脑老师的指导，勉强得出结果。"可以说很多论文作者对电脑计算实际上并不明白。另外还有一个大学的老师给某市设计了一个桥，在荷载试验时，卡车一开上去就垮了。最后给业主的答复是我采用的是美国软件计算的，没有问题，最终不了了之。实际上桥只不过是个桁架，运用理论力学、采用手工计算都可以很容易解决，但偏偏要采用电脑计算，造成了后果。这也说明了电脑计算中仍然存在着很多问题，有待于从高等教育方面予以加强。

施工架结构计算问题上存在着两种不同的基本路线：一种路线是坚持采用成熟的结构分析方法。由于概念清楚，便于掌握而能确保安全；另外一种是尽量采用最先进的理论而不论其是否成熟，试图创造出令人瞩目的新发现。在这两种不同路线的引导下，各自发展，产生了不同的结果。第一种路线发展并取得的成果就是"碗扣式脚手架安全技术规范"采用了节点铰接的基本假设，简化结构为静定结构，选取最不利杆作承载力计算的方法；第二种路线主要的代表是节点"半刚性"假设理论，在运算中采用电算法。但是这种方法到今天也没有达到实际应用的程度，原因是节点半刚性是钢结构的热门话题，但是尚没有达到实用的程度（至于是否能达到实用，笔者表示怀疑），因而很难被纳入规范。虽然众所周知，原来的"扣件式钢管架安全技术规范"的理论背景是"半刚性节点"，但在规范中并未能表明，而新改编的扣件式规范仍然未能将半刚性假设列入规范，可见其不成熟的程度，倡导者自己都不能自圆其说。

1.6 建筑施工架研究中的结构试验

建筑施工架来源于实际工程应用，因而对施工架进行结构试验无疑是建筑施工架研究中的重要内容，但决不应将结构试验视为独立的与结构理论无关的手段。只有正确认识理论和试验的相互关系，才能达到预期的效果。建议搞结构试验的同志很好地学习一下毛泽东同志的《实践论》，这本小册子篇幅不大，但将理论与实践的关系论述得极为透彻，了解了该文的内容将会给做试验的人带来很大收益。

试验之初，首先要了解结构试验的目的重点在于验证结构理论，如果没有结构计算的理论前提，单纯的结构试验是没有意义的。这种试验往往是花费极大而效果甚微。对这一点很多人没有清醒的认识，因而有人想通过试验来摸索承载力的规律，提出需要两千万元试验经费，其实，如果这样试验下去确实弄一个亿也解决不了问题。因为施工架试验的步距、横距、高度、荷载等参数已不可胜数，综合为试验方案更加巨大，做起试验来当然会使人头痛，就以建筑工程为例，如果依靠试验来做设计的话，恐怕根本是不可能的。因而建筑工程应采用理论计算的方法来进行设计，只对其中的特殊情况或在理论计算上有疑虑的地方采用结构试验的方法，建筑施工架也应如此。

近年来，由于施工架倒塌事故的频发引起了各级领导的重视，因而结构试验有如雨后春笋一般大量萌发，但细致分析之后可以看出这些试验具有很大的盲目性，多数并没有确定结构计算的方法就进行试验，取得的结果很难指导结构计算。在这些试验中往往是试验者本身有一个看法（这种看法并没有经过细致的分析和探讨达到系统化和规律化）就开始试验。譬如有一个试验就是试验者从倒塌事故分析，觉得事故全部发生在混凝土浇筑过程中，因倒塌的根源是"浇筑"，因而就对"浇筑"混凝土的支撑架进行了现场应力测定并称之为"结构试验"，显然倒塌的原因绝不是混凝土的浇筑问题，当然这个试验也就毫无价值了。再如另外一个试验对扣件架搭设的模板支撑架进行荷载试验，但只是对有斜杆与无斜杆不同情况做了几个承载力试验，结果只取得概念性的结果，它的力学分析采用了美国软件，而美国软件所针对的是双向立体框架，因而无法得出可用的数据。还有一个公司做结构试验目的是证明旧的碗扣架的承载能力。试验者显然是把问题过于简化了，因为支撑架的承载能力与其结构的各项参数有关（步距、立杆间距等），因而无法得出综合性的碗扣架的承载能力。这样的实例还有很多，说明在结构试验上还需要提高基本理论的认识，否则大量的经费会浪费在这些试验中。同时这些结果还会使人们对脚手架的安全产生混乱的概念，对脚手架安全使用技术产生不良的影响。

1.7　基础理论与工程实践

建筑施工架事故频繁发生而不能制止，说明施工架安全问题缺乏可靠的规范指导。从"扣件式脚手架规范"来看，该规范没严格地按照结构力学规律来制定规范的指导性条文。譬如在结构计算中根本没有讨论整体结构的力学分析，只是引入了具体构件的承载力计算；再如中心受压杆计算长度的计算不考虑实际情况，以步距为基础等等，导致了实际上对施工和应用的错误导向。总结近十年来脚手架的研究和规范停留在较低水平上，其原因是没有运用结构力学的基本理论来指导。这种情况也符合当前我国工程技术发展的总概况，也就是说科研力量削弱，尤其是基础理论方面更为严重。这表现为结构力学在大学教学中的比重大大减少。基础理论教育的削弱对建筑施工架事故的分析以及规范的编制都产生了很大负面影响。从近年来讨论建筑施工架安全及技术问题的论文看，多数只从表面谈，不能深入到问题的实质或根本。每次事故的原因几乎都是扣件质量不好、管壁厚度不够，以及工人不按规矩操作等。一套老生常谈，影响了施工架技术问题的真正解决。

施工架基础理论上的薄弱主要表现在两个方面：一是对已有的成熟的结构力学缺乏了解；二是对新发展的电脑计算缺乏了解。首先，很多结构力学的简单原理，如杆件体系的几何不变性问题、压杆的稳定问题和计算长度系数问题等，都是含混不清；其次是结构计算的基本步骤和程序都被忽略，如何能得到正确的分析呢？从电脑计算来看，两种主要方法是：有限元法和矩阵代数法。目前大多数人只提有限元法，但是如何划分单元？各单元之间的力学和变形关系是什么？都没有解答，笔者认为对杆系结构由于有力法、位移法公式，采用矩阵代数法更合适。更多的电脑计算者会提出采用软件（大多数是美国软件），到底这软件是如何计算脚手架的无从知晓。时常是提出的结构图形为一个空间框架，而所要计算的都是"半刚性节点"，结果是文不对题。所以基础理论方面除了利用老的结构力学原理外，尚应加强对电脑计算法的研究，重点应放在力学计算与过渡到电脑计算的问题，因为每一种结构都有各自的计算方法和特点。

　　此外脚手架这样一种临时结构物属于施工领域，方案是由施工的工程师编制，计算方法难度较大，不易掌握；从结构体系上没有必要按超静定框架来计算，更没有必要引进节点"半刚性"的假设，使得问题复杂化和难以理解。

　　鉴于施工架只是一般的杆系结构，其连接的节点又无很大刚性，因而以铰接结构计算是较为合理的（与刚接或半刚接比较，所得结果是偏于安全的），同时忽略多余未知杆作为静定结构来计算也是比较简单的，是很容易被现场工程师所接受和运用，更利于实际应用。同时以静定铰接来分析施工架的受力和判断其承载力，使得概念清晰，便于发现施工架的不安全情况，避免事故的发生，这就是写作本书的基本目的。

2 建筑施工架的结构设计

2.1 建筑施工架的结构设计

2.1.1 基本概念

从传统来看，建筑施工架并不存在结构设计这一概念，因为建筑施工架原本只是现场施工中的工具和材料。以脚手架为例，只是杉篙一类的杆件，其结构体是依靠架子工的技艺搭设出来的；再如模板支撑架主体是方木，按照翻样师傅的安排而组成的横梁、琵琶撑（或称大头柱子），其构成方法主要依靠经验，并无理论指导。进入到现代，该种架体已由木质进化为金属，并形成多种体系，脚手架和支撑架的主体已由天然产品转变为工业化的钢管和配件产品。原有架子工已不成为技工，技艺已不为人所知；木工翻样也已后继无人，成为无人关心的"非物质文化遗产"。两项技艺的淘汰是值得商讨的，因为脚手架和模板支撑架技术依然存在，而且提出了更高的技术要求。想适应这种要求，就需要对建筑施工架结构进行设计，这种设计不应当只是经验技术，而是有理论指导的，才能保证施工安全。各种脚手架规范应当重点解决这一问题。但从目前来看，情况并不理想，主要问题表现在施工架结构设计方面。

作为荷载的支撑体，保证结构的承载能力是最根本的要求，结构设计的主要内容应当包括结构体的整体构造和承受荷载时的力学计算，这两项工作完成所形成的建筑施工架才是安全可靠的结构体。这一要求与工程结构并无区别，因而按照工程结构设计程序就是无可置疑的。结构工程师的主要职责，就是要按照使用条件确定作用在结构上的荷载，通过力学分析达到技术上合理、消耗材料最少等工程设计要求。

施工架结构设计的第一步就是要设计架体的主结构，主结构的构成主要是构件，立杆、横杆、支撑及连接配件等，这一点与工程结构有所不同，其不同点是配件都是已经定型的产品而不必专门设计。与工程结构相同的是这些构配件组合时的规则与工程结构相同。作为施工架所组成的结构应当是杆系结构，也即杆件体系，与工程结构中的桁架、网架等相同。当然施工架的结构与原有的工程结构又有很大区别。其特点在于主要由立杆和横杆构成网状结构，立杆全部落地，立杆的间距较小，杆件主要为轴向力，风荷载的作用虽可造成弯矩，但弯矩的数值一般不大。由于施工架这种构成特点，首先要注意整体结构的机动分析，分析其构成是否满足几何不变条件。建筑施工架的结构体系杆件众多，是以前的各种结构都没有的，并且可形成空间结构，即两个方向形成空间网格体系。在这种条件下要充分利用杆件定型化、统一化的特点，将两个方向的空间体系分解为平面体系来解决。在解决几何不变性的问题上，只要增加足够的斜杆，按照连接点为铰、杆件可构成三角形体系即可达到。

应当注意以下两点：一是只有几何不变体系的结构才是稳定的结构，才可以承受荷载；二是只有几何不变体系的结构才可以进行结构计算。这两点本是结构力学的基本原则，但是往往被很多人所忽视。

建筑施工架的结构设计，应当从平面设计开始，首先要布置立杆，其轴线一般采用垂直方向，同时要考虑其所支撑的上部混凝土结构的轴线，按照荷载的大小来选择立杆的间距，尽量选择等间距或其倍数，以达到横杆之连通受力，并使单片结构（同一轴线）具有较大宽度，以增加承受侧向力的能力，尤其是对高型结构，这一点是非常重要的。许多设计者不明白这一点，将立杆组成双立杆的独立体系，其侧向稳定性将大大降低。

除了立杆的平面布置之外就是结构的竖向布置，从剖面看主要是横杆的布置，也就是立杆的步距。由于步距将决定单肢立杆的承载力，因而应熟知 $\phi 48 \times 3.5$ 钢管（或立管）在主要计算长度时的承载力，通常步距不宜大于 1.8m。有了这些基本概念，实际上构成的主要技术参数就已足够。斜杆的长度和倾角主要决定于步距和立杆间距，可不必单独考虑。这里值得强调的是横立杆的布置应当是连通的，应形成网格，不得随便取消横杆，改变立杆的计算长度。此外斜杆的布置应与节点相连，不得采用非节点连接。当然斜杆的布置应使整体结构成为几何不变体系，这也是最重要的设计原则。

在结构设计阶段还应注意各类架体的结构构造之差别，以达到能够设计的条件。以扣件式钢管架为例，立杆间距和步距可以任意选择，不受限制，斜杆一般采用旋转扣件连接，但是应注意到扣件式钢管架横、立杆与斜杆全不在一个平面之内；而扣件只能连接两根管，三根管相交之处必有一定距离；而碗扣式钢管架由于扣件焊接于立杆上，横立杆相交处在同一平面内，对结构的受力是有利的，但是斜杆的连接并不理想，一种办法是采用旋转扣件将 $\phi 48$ 钢管与横立管相扣接，结果是只能连接在节点边缘处，而且斜杆与横立杆不在同一平面；另外一种办法是钢管架专用斜杆，这种斜杆是两端有旋转插头用于插在碗扣上。这种斜杆的缺点在于它要占据碗扣节点四个插头位置之一，只能用于该侧无横杆的条件下。除了上述两种架体外，另一种盘扣式钢管架（分为插销型和非插销型）除可连接横杆外，在圆盘的 45°角处有销孔可以用来连接斜杆。

2.1.2 结构计算基本假设

建筑施工架结构设计的第一步是完成整体结构的结构图形，犹如工程设计中的建筑设计图，第二步是按照结构力学进行结构计算。在结构计算中最重要的问题是要确定杆件端头处的节点的性质，从结构力学上来讲只有两种节点：一种是"铰"接；一种是"刚"接。铰接的概念，即在该处端头可以自由转动，从计算角度端头弯矩为零。刚接的概念是该处是刚性，相邻杆件之间不能有任何转角，端头弯矩不为零，也就是节点处各杆端弯矩之和为零。结构力学就是用这个不同的假设来进行整个结构计算的。

近年来对脚手架的结构计算提出了"半刚性"假设的理论似乎很合乎建筑施工架的实际情况，即节点处既不完全是铰接，又不完全是刚接。从节点实际刚性的解释似乎有一定道理，但从结构力学角度来分析问题极多。首先是半刚性从力学角度如何确定其量级，也就是在刚与铰之间到底如何确定其程度？弯矩是刚接的 30% 还是 50%，无人给以答复。其次是从整体结构的力学分析上如何计算？仍然无人给以答复。这就使得这种假设变成无法解算的难题。很多大学的学者将横杆用扣件与立杆连接，然后测量横杆上的作用力之后，将其作用弯矩与角度变形作出关系曲线说明半刚性，但是这个试验与结构力学计算无法建立数学关系，使得这种假设仍然无法计算。基于以上情况，本书采用节点铰接的基本假设。

采用半刚性节点假设的一个理由是：采用铰接假设太过保守，似乎有所浪费。但实际情况并非如此，因为目前建筑施工架的主要问题并非过于保守，而是面临"倒塌"的危险，如何保证其安全才是主要问题，况且主张半刚性假设的学者并没有对建筑施工架的实际情况进行计算。实际上按铰接计算，结构设计合理，既不会造成浪费，且可完全保证安全。我国目前在建筑施工架的研究上面临的问题就是讨论基本理论时议论纷纷，但是却不能作任何具体计算，是一种脱离实际的研究方法。

2.1.3　结构试验和结构设计

近年来结构试验研究在建筑施工架中有很大的发展。这种大规模的发展有其客观原因，其最主要的原因是脚手架专业公司与高等院校等由于对建筑施工架的了解不多，面对施工架的倒塌无从下手，于是试图从结构试验摸索其规律。殊不知以这种简单的思路来解决较为复杂的结构问题，其成效极微而费用消耗却颇巨。

建筑施工架本身是个结构体系，而且其结构构成方法又极具多样性，因而采用结构试验方法是很难的，事先不知道造成倒塌的原因，所做的试验就是无的放矢，这种结构试验方法是不可取的。下面举几个试验来分析：

（1）由于模板架倒塌多发生在混凝土浇筑时，因而认为架体倒塌的原因是"混凝土浇筑"，在这种思想指导下，对某工程的模板支撑架在混凝土浇筑过程中立杆应力的变化进行试验是不会有成效的，因为模板架的倒塌主要决定于其结构的构造和力学性能。对于"倒塌发生于浇筑时其原因是浇筑混凝土时对结构施加了最大荷载"，这个解释是错误的。

（2）以旧的碗扣架配件组成架体进行荷载试验，试验者的目的在于说明该公司所生产的碗扣式钢管架是可以满足承载力要求的。这个试验结果当然也不可能证明什么。因为在该公司试验中的架体只是一般的架体，其结构构成也无任何条件，由于没有给定合格与不合格的标准，因而试验结果也不可能判定，更不可能找到施工架有规律性的成果。

（3）有的结构试验做了大量的、已知的"压杆稳定"试验，即将立杆的长度做多种不同的轴心受压试验，实际上这已得到欧拉公式的证明。花大量的资金做这样的试验也是毫无意义的。

（4）以半刚性假设为基础的试验，在横杆上加力，测量力与横杆角度的变化，找出横杆力与转角之间的关系曲线，这也是毫无意义的，因为这样的试验如何确定节点的半刚性？在概念上是模糊的，所得的结果如何纳入结构计算也是不明确的。

以上所举结构试验的不成功在于它们没有弄清结构试验的两个主要目标：一是结构构成方法与各结构参数和承载力之间的关系；二是在已经确定的结构构成条件下，各种不同参数与承载力数值之间的关系。

除了以上企业依靠结构试验来确定结构设计的方法之外，还有一种称之为"压载法"的结构试验，据称还有相应的规范。这种方法作为实际验证某个架体的结构的承载力似乎还有一些实际效果。但是当架体较高时，是很危险的，甚至是无法实现的，因此笔者建议不要将此作为规范性的方法。

2.2　结构计算简图

2.2.1　结构计算简图是力学分析的基础

结构计算简图在设计中的重要性似乎毋庸置疑，但是奇怪的是大多数有关脚手架的研究文章几乎没有一篇谈论这一问题，而在文章中大谈计算理论，从半刚性假设到有限元法和电脑计算乃至美国软件如何之好。这种情况令人感到困惑——难道现代结构计算已发展到一个新时代，不用结构简图即可进行结构计算吗？

从以上现象看，应当说建筑科学并没有取得真正的进步，某种程度上是倒退。倒退的表现在于：不再相信牛顿力学、理论力学、材料力学和结构力学这些基础科学，盲目追求"尖端"，而忘记了老师和科学先辈们的教导。

建筑工程不论如何发展都必须从实际出发。以大楼的设计为例，如果不用图形来表示，如何区分其高、矮、层数、进深和跨度等？如果脱离了这些基础参数电脑如何计算？所以对于建筑施工架的设计来说，结构计算简图是必不可少的，在结构计算简图的基础上进行力学分析，才能得到杆件和节点的内力。以内力分析的数值再进行杆件和节点的强度验算，这是结构计算的全过程。2001 年我国第一部有关脚手架的规范——"扣件式钢管架规范"没有对结构计算简图进行讨论，也完全略去了"内力分析"这一重要内容，这也是这部规范的重大缺失。

2.2.2　结构计算简图中的节点

谈到结构计算简图，当然所讨论的结构是由多个杆件的组合结构，这种组合结构构件的连接点称为节点。根据连接点处的构造，是否能传递弯矩，将节点分为"铰"接和"刚"接，其目的在于结构计算达到理论上抽象化和概念明确。

近百年来结构力学的发展都是以此为基础。实际工程中完全理想的铰并不多，以桁架为例，多视节点为铰，但实际上节点处并不能完全自由转动。刚接也是如此，但是刚接在钢筋混凝土以及钢结构中似乎更接近理论的假设。从结构计算的角度看待这个问题，应当说是在某种程度上还是为了达到计算上的严密性所要求的。以钢桁架为例：如节点不为铰，则它所连接的杆件即不能成为二力杆，也就不能确定桁架中的内力只有轴向力（拉力或压力），解算起来就很困难了。但是我们的前辈也并非没有去研究这种偏差。研究这种偏差的办法，一是采用试验测定；二是采用理论分析（按节点有刚性进行计算）。其结果证明，按铰接计算的结果与实际的误差并不大，在安全度以内。这种研究称之为"次应力"的研究。

节点的这种划分也成为结构力学内力分析的基本条件，除了像桁架中的铰接以外，刚接的节点也是内力分析的基础。其中最典型的就是连续梁和多层框架，连续梁计算的依据就是支座上的梁保持连续（无相对转角）；而多层框架的位移法方程式也是以节点处各连续杆无相对转角（各杆端在节点处转角相同）所求得的，以上是传统结构力学关于节点的两种情况。

脚手架（建筑施工架）结构计算"半刚性"节点的提法最早出现于 1991 年 9 月《建筑技术》杂志的论文中，主要作者是哈工大的学者，据说这一观点也是 2001 年《扣件式钢管脚手架规范》的理论依据（但规范中并无此说明）。时代在进步，新的理论出现完全是正常的，但到目前为止，采用半刚性假设者甚众，但解释半刚性节点的论文未见一篇。读者需要知道的主要有两点：一是半刚性的概念是什么？不能简单地回答节点有一定刚性（这是很多讨论会上的答案）。因为所谓节点的刚性和半刚性应当说明其力学性质，正如经典结构力学中所明确的刚性节点，指杆件之间无相对转角，而半刚性是相互之间有相对转角吗？半刚性这种转角的物理量如何求法？当然紧跟着的问题就是这个节点在结构计算方面如何进行？建筑施工架的安全使用很大程度上依靠正确的结构设计，而正确的结构设计主要来源于施工现场的工程师。过于复杂的理论难以掌握，因而并不利于其实际应用。

半刚性假设的另外一个问题就是对具有半刚性节点的结构体系如何进行机动分析，这也是半刚性假设要予以回答的问题。

2.2.3 结构计算图与立杆计算长度

对结构计算简图的细致分析找出了影响结构承载力关键因素——立杆的计算长度。脚手架早期研究学者都明确知道脚手架承载能力主要决定于立杆，而立杆作为轴心受压构件，其承载力主要决定于长细比 $\lambda = l_0/i$；长细比中主导参数当然是计算长度 l_0，这一点在近期发表的论文中往往被忽视，这是由于大多数人采用电脑软件，不能分列出这些关键因素，不去深究电脑计算背后的力学原理及模型是否正确和适用，不问"为什么这样算？"，把电脑视为解决问题的万能钥匙，不用再问"为什么？"。

如前所述，从结构计算简图即可以极为方便地得到立杆的计算长度，从立杆的计算长度可顺利地找到影响因素，如双排脚手架立杆计算长度与拉墙件间距之间的关系，并可得出扣件式钢管架规范中计算的主要错误，这种错误至今仍不被其支持者所接受。而且提出脚手架结构计算主要决定于该规范中计算公式的 μ 的问题，实在令人费解。

脚手架和模板支撑架逐渐加高的最直接的结果就是立杆加长，当然其后果自然是计算长度的不断加长。当长度超过 4.0m 时，实际上已经超出了计算的极限（计算长度 2.95m 时，长细比 $\lambda = 250$），当没有注意这一问题时，架体已进入危险状态。遗憾的是国内目前的研究没有对照力学理论进行深入分析，还对欧拉公式采取怀疑态度，使得现在的结构试验研究缺乏理论依据。笔者亲自观看了 10m 高的碗扣架试验，测定了极限承载力并相应提供了有限元法电脑计算结果。将电脑计算结果与测定数据进行对比，说明试验结果的可靠程度。但由于二者概念不清，因而无法得出定量的结论。我国目前这种以电脑代替力学的做法将会给我国的建筑科学带来巨大的危害。

最近高架支模又成为脚手架研究的热门话题，实际上这一问题已被碗扣式脚手架规范基本解决，解决的方法就是以结构计算简图的分析为基础，科学地确定立杆的计算长度。

结构计算简图不仅仅解决了"几何不变性"带来的结构破坏，而且只有进行这种结构分析，才能正确地确定立杆的计算长度。

2.3 杆系结构的机动分析与几何不变性

2.3.1 建筑施工架的模式

无论是脚手架还是模板支撑架已有传统的模式，因而其结构形式已经典型化。一般脚手架是采用双排架附着于所服务的结构，根据施工阶段的不同，可有装修架和结构架之分。装修架是在已有建筑结构之外侧，而结构架是指伴随结构施工所搭设的双排外脚手架。而模板支撑架立杆的布置为"满堂式"，也即立杆轴线呈网状，顶部支撑楼板和梁的模板。以上两种就是建筑施工架的标准形式。建筑施工架立杆的间距通常不超过 2m，因而另一个说法叫"多立杆式"，也就是说立杆很密的意思。建筑施工架的主体来源是杉篙脚手架，其结构主体是横杆与立杆，但是从架子工多年积累的经验得知斜杆存在的重要性，于是压栏子、十字盖等成为结构中不能忽略的重要条件。但是模板支撑架其来源于木工，木工常说"立柱顶千斤"，说明立杆是有很大承载力的，但是该说法没有加入长细比的概念，这是其不足之处。模板支撑架斜杆的设置不足与此有关。这也是传统上脚手架事故较少，而模板支撑架事故较多的原因。

从结构力学的角度来讲，力学家们早已注意到了结构组成对结构承载力的影响。大学结构力学课程的初始就要讲结构的"机动分析"。所谓"机动分析"就是对组合结构是否能承受荷载进行分析和判定，把结构力学中每一个构件本身视为"刚体"，也即不可能改变形状的物体。但是这些构件在组合时，在连接处的连接方法却不相同：一种是连接点可以发生转动，称之为"铰"；另一种是相互之间既不能相互错位又不能发生转动，称之为"刚接"。那么很多构件组合成整体时，首先要判断这个组合体受到外力时是否能维持最初的形状，能维持原状的称之为几何不变体系；反之为几何可变体系。作为几何可变体系，显然不能作为承受荷载的结构，因而几何不变性是整体结构是否能承受荷载的基础条件，这也就是国家规范《建筑结构可靠度设计统一标准》GB 50068—2001 中"超过了承载能力极限状态"的第 3 种"结构变为机动体系"。

对于建筑施工架来说，它也是由许多杆件组合而成的结构，因而在作结构设计时的首要任务就是对整体结构进行机动分析，对是否成为几何不变体系作严格的分析，这也是杜绝架体倒塌事故的一个重点。

2.3.2 "刚接"、"铰接"和三角形体系

由杆件组成的结构通常具有横断面尺寸比长度方向小很多的特点，杆件可以是直线形的，也可以是曲线形的。当两个杆件相拼接处具有极为牢固的连接构造，使得二者不可能发生任何相对转角或位移称为"刚接"。图 2-1 (a) 具有"刚"接特性，最明显的就是钢筋混凝土框架结构中梁和柱的连接，当然钢结构框架结构梁柱的连接也可以做到刚接；当两个构件连接处可以自由转动时形成"铰"，最典型的铰如起重机活动拔杆与底座的连接，再如桥梁下的支座与桥之间也都是铰接。图2-1(b)所绘制的就是直杆之间以铰连接的杆系。当

然从工程实际来看达到毫无摩擦的理想铰的情况较少，大多数情况下只是节点处发生转动时，没有足够大的抗扭转力矩亦可视为铰，如木屋架、钢屋架的杆件之间虽然具有一定的抗扭转力矩，但其数值相对较小，经大量试验证明摩阻力所引起的"次应力"不影响按照铰进行计算的结果。通常都将这种结构视为"铰接"结构。

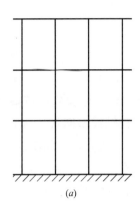 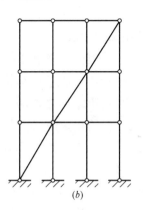

图 2-1 "刚"接与"铰"接
（a）"刚"接；（b）"铰"接

结构设计中的机动分析，除了要确定连接点的"铰"与"刚"之外，另外一个问题就是在什么条件下达到几何不变条件。现以建筑施工架的直线形杆件来分析。如图 2-2（a）为一多边形，它的形状是可以任意改变的；图 2-2（b）所示为一四边形，其形状也是可以任意改变的；图 2-2（c）所示为三角形体系，其形状是不可改变的，除非是杆件破坏。这一组铰接杆件告诉我们由铰来连接的直线杆件体系只有三角形体系是几何不变的。这个基础概念对于设计建筑施工架是极为重要的，许多架体的破坏即是违背了这一原则而发生的。除了施工架的倒塌之外，在历史上亦有相当多的实例，我国 20 世纪 60 年代曾经发生的厂房塌落事故，即是由于屋盖结构支撑体系不全（成为可变体系）造成的，为此 1963 年建设部还专门制定了一个加强支撑体系的规定，并对 1958 年大跃进期间建造的房屋进行全面检查和加固，当然这种血的教训已不被今日的工程师所知，有些老工程师也把这一经验"忘却"了，这也就是今日要重新重视这一问题的原因。有一部分建筑施工架的研究者从一开始就把它列入科学课题，并且把它列入尖端技术之内，除了提出新颖的"节点半刚性"假设之外，就是采用电脑计算，但对于其最基本的概念却有所忽视，这就是某些结

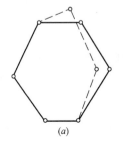 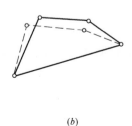 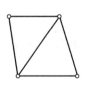

图 2-2 机动分析图
（a）多边形；（b）四边形；（c）三角形

构工程师的不足之处。

2.3.3 建筑施工架的几何不变条件

建筑施工架的起源是杉篙脚手架，主要构成是直线形的杉篙，因而其主体结构也即横杆与立杆相互搭接形成格子形的结构。后来发展出来的扣件式钢管架，其结构与杉篙式脚手架结构基本相同，只不过将杉篙换成钢管，相互连接的扭结铅丝换成了扣件而已。到现在为止新型的金属钢管架实际上大多数与上述的扣件式钢管架类似，也即主要构件是立杆与横杆（但是连接的扣件不同），如碗扣式钢管架、盘扣式钢管架等。只有一种钢管架比较特殊，就是门式钢管架。门式钢管架的特殊在于主体不是横竖直线形杆件，而是非直线形杆件焊接成的门形框架，因而单独予以讨论。直线形杆构成的钢管架整体结构由横立杆组合形成网格一般的"网格式结构"，其特点是立杆间距不大，所有立杆都落地；高度方向的横杆也与立杆相似，间距不大；其横杆和立杆所受到横向荷载不大，因而主要受力是轴向力，即主要是拉压构件而非受弯构件。由于网格式结构具有大量的杆件，因此增加了力学分析的难度。许多学者在计算中采用节点"刚性"或"半刚性"的假设，更增加了计算的困难。在这种困难面前只有借助电脑，电算法又多采用有限元法。有限元法虽从理论上是可以解决，但是构件数量过多，所需要建立的有限元的"单元"就颇多，再把各单元之间力的数据（轴力、弯矩和剪力）建立力和变形协调方程，可见其难度之大。但是用这种方法的人多数会绕过这一问题而直接寻求软件予以套用。国外的软件只是针对空间框架的结构，主要是为多层钢筋混凝土框架编制的，因而形成了"文不对题"的状况，使电算法进入了死胡同。

当然如果采用通用的"铰接"假设，这一问题就迎刃而解了。铰接假设与上述的两种假设相比，不仅使问题简化，更重要的是铰接假设较刚接与半刚接所得到的结果更偏于安全。这一点是施工架目前更应该重视的目标。

采用铰接假设后，遇到的首要问题是如何达到"几何不变条件"。显然，只有立杆和横杆组成的网格式结构是几何可变体系（图 2-3a），因它构成的是无数个四边形体系。要想达到几何不变体系必须增加斜杆。斜杆使四边形体系变为三角形体系。

从整个网格式结构下层开始。当在第一节间中加上一根斜杆之后（图 2-3b）可以看出此层结构成为几何不变体系，其道理是第一节间为几何不变，从不变的节间

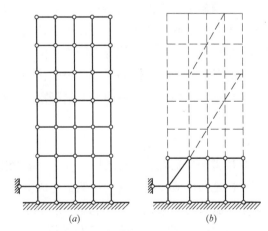

图 2-3 网格式结构的几何不变性

向右引伸，每增加一个节点增加两根杆件，仍然是三角形体系，因而几何不变，依此类推，可知只要在每层中有一个节间有斜杆，该层即成为几何不变体系。同样道理，以此为依据往上延伸，上一层如有一个节间有一根斜杆，则该层也成为几何不变体系。最终可以得到如下结论：只要每层有一个节间有斜杆则该整体结构成为几何不变体系。

当然斜杆的数量超过上述规定，则该结构成为超静定结构，而且超静定的次数与多余斜杆相同。

除此而外值得注意的是双排脚手架，由于双排脚手架横剖面的结构计算简图只有两排立杆，而在侧边与建筑物进行拉结，因而其几何不变条件尚需专门分析，将在下节中予以讨论。

2.4 建筑施工架的结构

2.4.1 建筑施工架结构的特点

建筑结构计算的发展到今天已有百余年的历史，当然其发展的内容主要是力学，从理论力学、材料力学到结构力学逐步深入。从材料力学开始建立受拉、受压、受弯乃至压弯、拉弯等，实质上只是对一个单独构件受力的研究，但是单独构件的研究终归要发展到构件相连或多个构件组合而成的结构。这就进入到结构力学的发展阶段，从连续梁到桁架到框架结构等等。这些构件组合的结构其计算首先是进行内力分析，也就是计算整体结构中每个构件的内力数值，内力分析的基本办法就是先将所要计算的结构绘制出结构计算简图，计算简图中应反映出各个构件的几何尺寸、形状以及相互连接处的特性（铰接或刚接），结构计算简图是一切结构计算的基础，没有简图是不能进行计算的，这可以说是结构计算的基本法则，但是在施工架计算的各种论文和书籍中却被很多研究者所忽略。脚手架的第一个规范"扣件式钢管架安全技术规范"未对几何不变性予以论述，应当算是一个很大的缺失。许多施工架专家，包括大学的教授在讨论脚手架的结构计算时，大谈其计算理论，但绝不涉及计算简图，这种结构理论显然是缺乏实际基础的，也是无法应用的。

对建筑施工架来说绘制结构计算简图与一般建筑结构有所不同。不同之处在于通常的建筑结构具有明确的形状和尺寸，但是建筑施工架无论是脚手架还是模板支撑架，除了形状大致相同外，其具体尺寸都会因工程的不同而不同。为了统一研究其计算方法必须以典型结构为基础，而将具体的尺寸变为变化的参数，使所得到的公式能够代入不同的参数而得到计算结果。根据情况将最典型的脚手架和模板支撑架结构构形统一之后，分别绘制出结构计算简图。

2.4.2 双排脚手架

双排脚手架是脚手架的通用形式，一般是附着于它所服务的在施结构，主体是两排立杆，立杆之间设横杆，使内外排架子连成整体。横杆的竖向间距通常称为步距。步距主要由架子所服务的结构施工和装修施工所决定，前者步距采用 1.2m（砌筑工程），后者为 1.8m。至于立杆的平面间距其变化范围在 0.9～1.8m 之间，两排立杆间铺脚手板作操作平台，当然变化最大的就是总高度，从 20m 到 100m 都是可行的。

双排脚手架与相邻建筑的连接是极为重要的，如不与相邻结构相连，实际上双排脚手架一般是不能自立的。双排架与建筑物之间的拉接要可靠，有个别架子倒塌事故就发生在将拉墙件拆除而导致塌架。由于拉墙件的位置要与结构的层高相一致，以保证楼板或梁与架体相连，因而连墙件间距对立杆的计算长度产生巨大影响，成为脚手架承载能力的重要控制因素。

双排脚手架的结构计算简图如图 2-4 所示，脚手架的正立面通常按"传统"搭设方法，除横立杆之外有"十字盖"也即交叉斜杆，按照结构铰接的假设并增加一个条件即斜杆全部通过节点，如图 2-4 所示，为了简化计算通常略去多余斜杆，因而将十字的另一半示为虚线。双排脚手架正立面是完全符合网格式结构的全部特征的，但是立杆是空间受力的，计算时必须考虑两个方向的稳定，因而必须对脚手架的剖面予以表示，这就是图 2-4 中的 $A—A$ 和 $A'—A'$ 剖面。双排脚手架在垂直剖面表现出来的计算简图与正立面的完全不同，其特点是立杆只有两根，而且一侧有连墙件存在。通常连墙件是不能完全由架子设计者所决定的，在很大程度上取决于架子所附着的结构的情况（一般拉墙件设于楼板标高处）。从双排脚手架的剖面结构可以得出的第一个结论就是：双排脚手架的承载力主要取决于剖面结构计算简图，原因是立杆的计算长度大大超过步距 h，一般为 2～3 个以上的步距。其实际构造因素是为了保证脚手架的使用功能，通常两立杆间不宜加设斜杆。

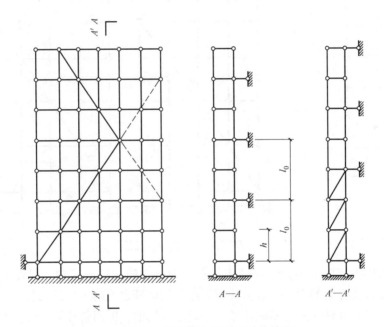

图 2-4　双排脚手架结构计算简图

根据传统脚手架搭设的尺寸，按照装修和结构两种情况有两种步距。现代房屋多为钢筋混凝土结构，因而楼层高度（拉墙件竖向距离）成为立杆关键的计算参数。标准楼层高度一般在 3m 左右，但是首层由于设立大堂常常要大于 4m，甚至可达 5.4m 以上。以 $\phi48\times3.5$ 钢管来说，当计算长度为 3.95m 时已达长细比之极限 250。由于上述原因，要想达到实际应用的目的，双排脚手架的结构设计就必须采用专门措施予以解决。

如图 2-4 的 $A—A$ 剖面，当拉墙件之垂直距离 $l_0\leqslant3.95m$ 时，可将立杆在拉墙件之间视为连续直杆（即中间的横杆视为连系杆，对立杆的稳定无影响）；但当拉墙件之间的垂直距离超过 3.95m 时，说明立杆已无可靠的承载能力，会造成失稳破坏，为了解决这一问题，可以在中间增加斜杆，使之成为桁架体系。此时称中间的斜杆为廊道斜杆，那么此时立杆的计算长度可按步距 h 计算。此种情况表现为图 2-4 中的 $A'—A'$ 剖面。

双排脚手架有了完整的结构计算简图之后，其结构计算就变得比较简单，因为其所承受的荷载都来自脚手板，也即横杆上的均布荷载，只要验算横杆的受弯即可。其余的横杆将荷载转化为立杆的轴心荷载，验算立杆承载力即可。由于双排脚手架有统一的标准化的结构构造，只要代入不同的架子高度和脚手板的层数以及操作层数，就很容易得到可靠的结果。

2.4.3 模板支撑架

模板支撑架的结构计算简图形状在结构上与双排脚手架有很大差异。首先从立杆的平面布置上呈双向轴线交叉形，因而形成的是空间结构形式，此外无侧向附着结构，也即由横立杆组成独立之空间网格式体系。但是依照 x、y 轴线方向剖面绘制出的立面图都呈网格式结构（图 2-5）。

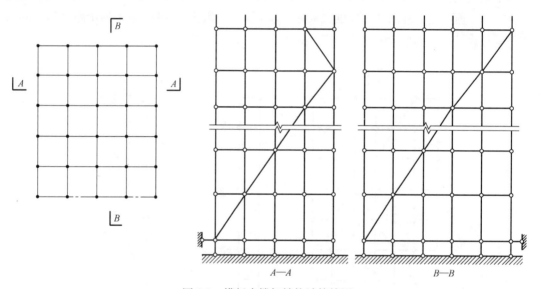

图 2-5 模板支撑架结构计算简图

从整体来看模板支撑架作为平面结构体系成为典型的网格式结构，只在顶端略有不同，因而通常模板支撑架的立杆在最上端有超出顶层横杆之上的一段悬出长度，以便与所支撑的模板相连接，立杆在此处不能是铰，必须是连续的，因而将该处的铰变为与横杆相连接。

模板支撑架的荷载全部来自"顶杆"直接变为立杆轴力，因而只要计算该顶杆上支撑的荷载即可，有的结构设计将上面模板的横梁视为连续梁来计算支座支撑力，实际上并无必要，虽然上部模板大楞具有一定刚度，有一定荷载的均布调节作用，但实际上作用极微，因此建议忽略这一均布作用。

当室外的模板支撑架较高时，风荷载的作用将会在横杆、斜杆、立杆中产生轴向力，尤其是风荷载会产生立杆拉力，这是不能允许的，因为立杆在根部并无锚固措施，只能承受压力，因而会造成架体的倾覆（破坏的极限状态之一）。

2.4.4 门式钢管架的结构

门式钢管架其主体结构是一个门形框架，它可以说是建筑施工架中的另类，因而无法应用上述的结构计算简图。门式架是由单元框体组合而成的，单元框体如图 2-6 所示，除两边的立柱之外，中间横梁为双管，中间有短杆相连；而横梁与立杆并不直接相连，而是与辅助立杆相连；辅助立杆下端用弯管与立柱连接，辅助立杆和主立杆之间用短横杆相连。

　　单元框体采用这种形式，分析其主要目的是辅助立杆上端可直接支撑钢脚手板而减少横梁之跨度，而辅助立杆上的小横杆主要为了给搭架人员提供蹬踏的梯级。这种结构从结构计算角度则是超出通常结构设计的原理，使之不能构成可计算的结构式体系（杆系按三角形体系构成），这也是到目前为止门式脚手架规范不能提供合理计算方法的原因。

　　门式架虽然有上述特点，但是为了能从结构承载力上保证其使用安全，还必须给它归纳出一个结构计算简图，以便对其几何不变性和结构计算提供相近的结构类型。从门式架的主体单元按力学分析看，接近于门式刚架，其特点是横梁与上端两角都具有较大刚度可以承受弯矩。立杆底端视为铰接，则得到"双铰刚架"的结构计算简图（图2-7）。双铰刚架在结构力学上是一种典型结构，并不存在计算上的困难，但是从门式架的具体情况看，按照通常方法，横梁、立杆和上角点的抗弯承载能力都是无法计算的。解决这一难题的方法只有采用荷载试验的方法。其中横梁的抗弯能力已有试验（当然也可专门进行试验）；对于上角点的抗弯能力则需作出相应的荷载试验予以解决。从实际工程使用来看，在侧向风荷载作用下其弯矩值不会很大（架体本身挡风面积系数小）。这也就是它多年来使用并无突出安全问题的原因。双铰刚架本身是一次超静定，因而成为几何不变体系。其所构成的双排脚手架和模板支撑架的结构计算简图如图2-8所示。

　　从门式架的结构计算简图可以看出：作为双排架其连墙件的位置极大地受到门架本身

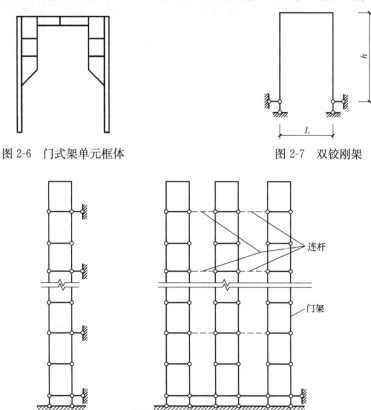

图2-6　门式架单元框体　　　　　　　　图2-7　双铰刚架

图2-8　门式架结构计算简图

（a）双排脚手架；（b）模板支撑架

单件高度的限制；作为模板支撑架而言，多排门架之间需采用连杆相连，相互形成支撑作用，以承受水平荷载。

门式架的主结构单元可以简化为刚架，而其纵向可以说是全部由支撑杆件所构成：一是剪刀撑；二是钢脚手板（这一点目前已被多数工程师所忽略，有许多是以木脚手板代替）。这一支撑体系的几何不变性问题存在于两点：一是剪刀撑的节点并不在立杆顶端处，不能构成三角形杆系，因而成为"瞬变体系"（图2-9）。这是由于剪刀撑只是拉杆，不能承受压力，因而杆件作用只能单向存在；第二点特别要注意的是，该脚手架引入时，上部铺设的为两端带连接钩的钢脚手板，构成了两门架之间的连接杆。但是引入我国后，大多数不再采用上述之钢脚手板，实际上取消了两门架间的连接杆，使得该侧面已构不成几何不变体系。

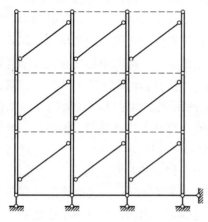

图2-9　门式架侧向机动分析图

依据上述两点，门式架剪刀撑体系的可靠性应给予注意。建议当不采用钢脚手板时应增加顶端的纵向连接横杆；对于剪刀撑，宜改变其连接点的位置，即从立柱根部到相邻立杆的顶部，构成三角形稳定结构。

3 结构的力学分析

3.1 结构力学分析的理论基础

3.1.1 力学分析的基本概念

结构的力学分析实际上就是对结构的计算。这种计算主要分为两个部分：第一部分就要计算结构在荷载的作用下，组成结构的各个部分的内力，这部分的计算是在牛顿力学的基础上进行严格的推算，也就是结构工程师在大学里学的理论力学或称之为刚体力学；第二部分则要计算组合成结构的构件和配件是否能得到足够的承载力，其基础也就是材料力学。在材料力学中不能将结构构配件视为刚体，而必须将其视为弹性体。依据对各种结构所用材料，将力与变形的关系进行分析与计算。从以上两大部分似乎即可完成全部结构计算，但是由于建筑结构体的多样性，通常还不能用上述两大力学解决全部问题。对于由多个杆件组合成的整体结构进行整体的力学分析，将其拆解为材料力学所能计算的单元体，这就是结构力学。应当承认，结构计算的三个基础力学是有相当难度的，三门力学中的每一门都需经过严格的学习和训练才能真正掌握，其难度在于理论上的严密性，可以说力学具有与数学相同的逻辑性，此外在其中很多部要应用高等数学中的微分方程或相应的其他数学公式，更增加了难度。当然建筑施工架的复杂程度并不大，因而只要应用以上三大力学的基本内容是不难解决的，但在理论上如不掌握必要的基础仍然是无法明白的。

3.1.2 理论力学与内力计算

任何结构的力学计算，第一步必须解决结构在承受荷载时，组成结构的构件与配件的内力计算，解决这一问题用的就是理论力学，理论力学中将物体视为"刚体"，也就是不计外力作用下的变形，实际上其理论基础就是牛顿的力学三大定律：万有引力定律、作用力与反作用力定律、作用力与加速度定律。理论力学包括了三大部分：静力学、运动学和动力学，但对于结构计算主要还是静力学，在静力学中主要研究的是力的平衡，通过力的平衡原理计算在外力作用下平衡体支持力的计算。实际上静力学归纳起来主要有三个公式，也就是：

$\sum X = 0$（作用在平衡体上的各种力在水平轴上的投影之和为 0）；

$\sum Y = 0$（作用在平衡体上的各种力在垂直轴上的投影之和为 0）；

$\sum M = 0$（作用在平衡体上的各种力对任意点的力矩之和为 0）。

所以说结构力学内力的计算并不复杂，也不需要高深的数学，还是便于掌握的。现以建筑施工架在风荷载作用下的倾覆计算为例加以说明。

如图 3-1 所示，取出一片建筑施工架 ABCD，将其视为一个整体，作用在架体上的风荷载综合为均布荷载 ω，而架体的自重及上面的模板等重力荷载综合为均布荷载 P，它是

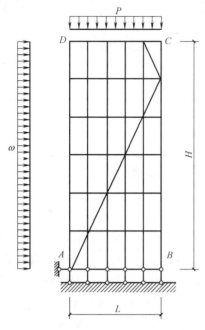

图 3-1 建筑施工架的倾覆计算图

保持架体不被风倾覆的力量。此时即可用上述理论力学的第 3 个公式 $\sum M=0$ 来计算：

对 B 点取矩：$\sum M_B=0$，得：

倾覆力矩为：$M_1=\omega H^2/2$；

平衡力矩为：$M_2=PL^2/2$；

抗倾覆安全系数：$K=M_2/M_1$。

以上计算中将立杆支座反力视为零，原因是建筑施工架根部不能与地面固结，不能承受拉力，水平支座力由于通过 B 点，因而其力矩为零。

当然如果要具体计算横杆及斜杆中的内力，实际上还是要按静力学三公式来计算，只不过所选取的平衡点为节点或由截面划分开的分部体（即截面法）来计算而已。

以上就是有关理论力学在建筑施工架力学分析中的简单说明。

3.1.3 材料力学的有关基础理论

材料力学是计算各种结构材料承载力的科学，其出发点有两个：一是把各种材料视为弹性体，在力的作用下其变形与应力成正比（即服从胡克定律）；二是建立应力与应变的概念，应力是指横截面单位面积上的力，用来反映材料抵抗破坏时的能力，应变指在力的作用下单位长度的伸长或缩短的变化率。材料力学是结构设计的基础力学，没有材料力学是无法解决这种计算的。

在材料力学中将受力体的受力分为受拉、受压和弯曲三种基本情况，当然还有拉压与弯曲复合受力的情况，除此之外还有受扭情况（它在机械零件，如轴承中有所应用），但对于建筑结构则应用较少。

材料力学中最基本的受力构件就是受拉构件（图 3-2），一个构件截面积为 F，在拉力 P 的作用下，杆件中的应力为 $\sigma=P/F$，这就建立了构件破坏的基本原理，显然应

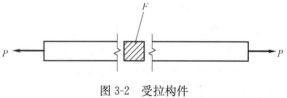

图 3-2 受拉构件

力是可以表达单位面积受力程度的指标，而构件的破坏除与材料的种类有关之外，就是其应力的大小。各种不同的材料，钢材、木材、砖石等等，由于其本身的性质而具有不同的破坏应力，也就是材料的强度，依据这一基本原理就可以对受拉结构进行计算。

但在实际结构中，除了受拉构件之外，另外最常遇到的情况是两端有支点，而受横向荷载的构件就是梁（图 3-3），这种构件的计算应当说是材料力学的重要理论成果。梁在横向荷载作用下，显然应力在截面上并非均匀相等。经过力学家对梁试验的测量，发现梁上层纤维产生的是压缩变形，而下层的纤维是受拉变形，而在中心层纤维的变形为零，于是建立了梁中应力分布的三角形规律。利用梁应力三角形分布，计算应力的总和，得出的弯矩

与实际梁截面弯矩相等的条件,建立梁
的计算公式。当然梁的破坏条件是顶层
与底层应力达到该种材料的强度极限,
这一力学突破在工程力学上应当说具有
里程碑一样的意义。

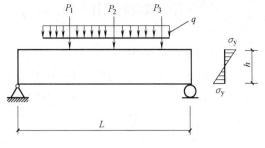

图 3-3　梁式构件

　　在解决了两种受力情况之后,对于
受压构件却遇到了新的难题。从材料力
学的应力计算来看,似乎受压构件与受
拉构件一样,是按照应力与强度计算,但是大量试验证明,只有构件在短粗情况下才可以
按照上述规律,对于细长形的杆件则并不服从上述规律。细长形的杆件承受压应力的能力
大大减小,而这种情况同杆件长度与截面的宽度比例有关,而且破坏时的情况并非简单的
材料纤维破坏,一般是在杆件中部向外凸出而破坏。这样力学家们开始了受压构件计算的
探索之路。这条探索之路终于被数学家欧拉所解决,也就是著名的欧拉公式,而受压构件
的计算也称之为"压杆稳定问题"。

　　由于压杆计算的难度较大,在建筑施工架的结构计算中具有关键性的作用,故对压杆
计算单独设立一节予以叙述。

3.1.4　压杆稳定和欧拉公式

3.1.4.1　中心受压杆的"稳定"和承载力

　　建筑施工架的主要受力杆件是立杆,而其所承受的力是杆件的轴心压力。从材料力学
最基础的公式可知受轴心力作用的杆件,其承载力主要取决于材料的应力值。应力值超过
其承载能力而破坏。但是这个规律对于"受拉"杆件是如此,而"受
压"的杆件并不完全如此。受压的杆件长度越长、截面尺寸越小则其
能承受的压应力越小,这就是中心受压杆的稳定问题。

　　数学家欧拉对这一现象进行了理论研究,其起点是认为中心受压
杆在轴心压力下产生屈曲,中部凸出,使轴心力 P 在中间产生了 $P\delta$
的弯矩,导致了承载力的下降(也就是杆件中不仅有轴心应力还有弯
曲应力),通过假设弯曲曲线为正弦曲线进一步推导,得出了著名的
欧拉公式,即极限承载力

$$P_{cr} = \frac{\pi^2 EI}{l_0^2}$$

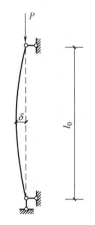

式中　E——材料的弹性模量;

　　　I——杆件断面的惯性矩;

　　　l_0——两铰接固定端之间的长度。

图 3-4　中心受压
杆的屈曲

　　经过惯性矩的数学变换:$I = Ai^2$,得出极限承载力:

$$P_{cr} = \frac{\pi^2 EA}{\left(\dfrac{l_0}{i}\right)^2}$$

式中　　A——杆件的截面积;

i——杆件截面的惯性半径。

令 $\lambda = l_0/i$，λ 称为杆件的长细比。

从上式可知细长的中心受压杆件，其极限承载力小于短粗的杆件，其承载力与该杆件的长细比 λ 的平方成反比。这个理论分析结果与实验结果主体是完全一致的（在 $3 > \lambda > 250$ 的范围内），过低或过高的部分将会有较大误差。对于钢结构中心受压杆件，将这种由稳定引起的承载力降低值以 φ 来表示，得

$$N \leqslant \varphi A f$$

式中 φ——轴心受压构件的稳定系数，可查《冷弯薄壁型钢结构技术规范》GB 50018—2002 附录 A.1；

f——钢材的拉压强度设计值。

这个公式的使用实际上已将杆件稳定纳入其中了，因而是杆件承载力稳定强度计算式。

3.1.4.2 中心受压杆端部约束与杆件的计算长度系数

上述欧拉公式的讨论是假设立杆的两端为正弦曲线的波幅为零处，也就意味着立杆除两端位置不能移动以外，杆件在端点可以任意转动，从结构力学的角度也就是两端均为铰接。

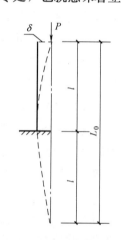

当端部的连接并非铰接时，受压杆件的计算如何解决呢？解决的办法就仍然维持杆件呈正弦曲线，只不过依据两端约束条件，以其铰端可形成任意转角、而固定端杆件无转角的条件重新绘出其变形形式，如图 3-5 所示为一端自由、一端固定的变形图。由于上端自由，在失稳时可产生水平位移 δ，在根部由于固定无转角，也即根部是该波形的切线，如果延伸下去即构成全波 l 为原有的半波波长。这样该中心受压杆相当于计算长度为 $2l$ 的中心受压杆。如果计算长度为 l 表示为 $l_0 = \mu l$（μ 为长度系数），则这种端部约束形式的计算长度系数 $\mu = 2$。依据这种推理，共有 6 种端部约束形式，其长度系数见图 3-6。

图 3-5 一端自由、一端固定立杆的计算长度

重温欧拉公式计算长度系数的确定方法，可以确知施工架的构件计算长度与结构计算

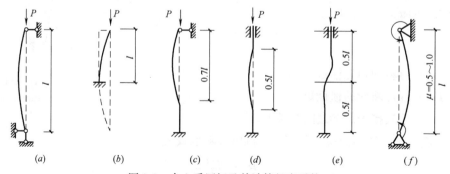

图 3-6 中心受压杆及其计算长度系数

(a) 两端铰；(b) 一端固定；(c) 一端固定，一端铰接；(d) 两端固定；

(e) 两端固定，可横向位移；(f) 两端弹性固定

简图有关，只有掌握正确的计算长度系数 μ 的确定方法，才能排除由原扣件式钢管架规范中采用 μ 值所带来的概念混乱。

3.2 组合体结构和结构力学

3.2.1 基本概念

以上介绍了施工架结构计算的基础理论力学和材料力学。该两门力学主要解决了内力计算和构配件计算的问题。显然可以看出以上两门力学在现代社会中的地位，因为它们不仅可用于建筑结构，而且可用于汽车、飞机、轮船等的设计，其用途之广泛可谓不可限量，可以说对工业领域是不可或缺的基础科学，我国的著名科学家几乎相当部分与此有关，如钱伟长、钱学森等，因而掌握上述基本理论也应当是结构工程师的基本功。

上述两种力学奠定了结构计算的基础，但对于建筑施工架的结构设计来说应当说还是不足的，因为建筑结构显然并非都只是简单的拉杆、压杆或梁，由于建筑结构尺寸的巨大，使得建筑结构往往是多种和多个杆件的组合体。最早出现的就是桥梁中的桁架，即由多个直线形杆件构成的结构，以后发展到格构式柱（或起重机的拔杆）。此外直线形的梁由简支梁发展到连续梁；直线形杆件又发展为曲线形的拱等，对于这些结构的计算逐渐发展成为结构力学。除此之外，房屋结构出现了工业厂房的排架结构、多层厂房的框架结构等，结构力学的发展极为迅速，其难度也越来越大。难度主要表现为由平面结构发展为空间结构，如穹顶、壳体结构、悬索结构等；另一个即是由静定结构（用静力学可以解算的结构）和超静定结构，但是其发展的主题仍然是解算内力和构件强度验算。

综上所述结构力学是理论力学和材料力学在建筑结构力学上的更进一步发展，其难度较大，需要的数学工具要求高，就如前述的欧拉公式一样，如果不应用微分方程几乎是无法解决的。在结构力学中应用的除微分方程之外，应用较多的是多元一次方程组。除在数学工具上的严格要求之外，由于它在力学上要求理论的严密性，几乎不允许太多的经验数据与假设，其理论的依据就是理论力学和材料力学的那些基本公式，而依靠那些基本公式来解决情况复杂的结构当然是较难的。在解决超静定结构的计算问题上的依据就是力学平衡和变形协调条件，也就是利用构配件的力学平衡条件列出有关力的方程式，之后再利用相邻接处变形相等的条件进行计算。

当然结构力学包含的范围非常广泛，本书主要采用其中部分有关结构的计算说明之。建筑施工架是典型的杆系结构，与其有关的主要是桁架结构、多层框架结构和排架结构，由于它还有自身的特点，不能完全套用以上几种结构的结果，因而创立自己的结构计算方法是关键，其主要计算方法包括各种建筑施工架的内力，及利用所得到的内力值计算组成杆件的强度，以达到安全使用的效果。

3.2.2 以桁架模式处理建筑施工架

建筑施工架组成的主要构件是横、竖杆和斜杆，而且全部杆件都通过节点，这与结构力学中的桁架具有极大的相似性，因而将建筑施工架按照桁架的原理作力学分析应当是最适宜的方法。当然在按照桁架来处理时，应当考虑到它与桁架结构的差异。比较一下建筑施工架与桁架就会发现二者具有明显的差别，差别主要在于整体的体形和支撑于地面的支座：桁架的整体结构为长条形，中间腹杆与上下弦杆相连接，只有两端有支座；而建筑施工架的整体为矩形，并无弦杆与腹杆之分，主要杆件为立杆与横杆相互交叉连接，节点间布置有斜杆，全部立杆落地，也就是具有多个支座。

网格式结构与桁架的受力有原则区别，在垂直荷载作用下，其主要承担荷载的是立杆，横杆受力很小；在水平荷载作用下斜杆成为主要受力杆件，横杆只是传递节点水平力，只有斜杆能将水平力转化为垂直力，达到由立杆承载。这种情况是按照桁架计算原理而得出的，因而可以得出两条重要的概念：一是作为中心受压杆的立杆将是结构的主要承力构件；二是斜杆成为承担水平荷载的重要构件，如果没有斜杆建筑施工架将不能满足整体结构几何不变性的要求。

除了上述两个要点之外，对于杆件连接的节点自然会选用传统桁架节点为"铰"的基本假设，将建筑施工架视为铰接结构的观点也是国外规范通常采用的观点，也是我国早期（20世纪70年代）的主要观点，至今主张半刚性节点者在讨论时，也会冒出铰接法的概念。

3.2.3 静定与超静定问题

在建筑施工架结构的构成中，上节虽已明确必须有斜杆才能达到几何不变结构，但是还要具体分析斜杆应如何设置。因为斜杆必须按照规则设置才能达到几何不变，斜杆设置的另外一个问题是超过了几何不变条件，网格式结构会成为超静定结构。对于超静定的结构还要按照结构力学的变形协调条件进行计算。

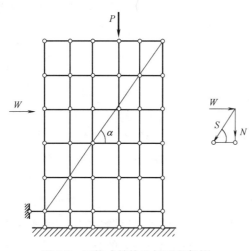

图 3-7 网格式结构几何不变条件

建筑施工架的主体为横、立杆组成的网格式结构，如图 3-7 所示，图中略去斜杆即是其主体结构，每立杆都落地，犹如梁结构的支座，与梁结构一样由于立杆与地之间有足够的摩擦力而可承受水平力，因而图 3-7 中增加了左端的水平支杆。无斜杆的网格结构其组成为平行四边形体系，当然是可变体系。要想将网格式结构变为几何不变结构，唯一可行的办法是增加斜杆，使平行四边形变成三角形，达到几何不变体系，但是斜杆是否在每格内都设立需要细致分析。分析从底部开始，首先看支座结构，支座为平行四边形体系，似为可变，但如从左端的横向支座看第 1 节点由两点杆件相连，实际上已构成三角形结构，第 1 节点固定不变，从第 1 节点向右到第 2 节点，同样第 2 节点也成为固定不变。依此类推，底层的全部节点均固定不变，满足了几何不变条件。满足几何不变的主要原因是左端的水平支座。这样的分析继续往上进行，分析第 2 道横杆，左端的第一节间由于斜杆的存在成为几何不变，向右延伸如支座层一样每增加一个节点铰，即有两个杆件相连而形成三角形体系，如此类推，第 1 层杆件组合体成为几何不变。依此往上推，可以知道网格式结构几何不变的条件为：网格中每层需有一根斜杆。这是一个很重要的结论，其理论依据为结构力学的机动分析原理。这个原理实际上包括了两大原则：一个是斜杆的数量，另一个是斜杆的位置，因而不能单纯地按照斜杆的数量来决定。当然斜杆位置的水平移动（在同一层内）并不影响其几何不变性，对此读者可自行分析。

在达到几何不变性的基本条件时，结构力学即称之为"静定结构"，静定结构的力学特点就是在荷载作用下整个结构内力计算可以按照理论力学的平衡三大公式进行，而不必考虑结构的变形。

网格式结构静定条件下的内力计算并不复杂，现以图 3-7 为例来说明如下。

（1）取 P 作用下节点的平衡，$\sum x = 0$，可知节点两侧的水平力大小相等，方向相反，但将此内力向左端推演到右端，由于无横杆和外力，也即此内力为零。此时所用的实际上是桁架内力分析的一条定律：节点处两侧直线对接的杆件内力相等、方向相反。再看第 2 式，垂直力 $\sum y = 0$，可知荷载 P 下的立杆内力等于 P，方向相反。自上而下推导可知，下一节的立杆的内力仍为 P，这样直到支座。P 作用下只影响立杆，而其他各杆内力全部为零。

（2）取水平荷载 W 作用下的节点平衡：$\sum x = 0$，可得水平杆内力等于 W，方向与 W 相反，同时 $\sum y = 0$，立杆内力为零；直到有遇到斜杆处的节点。该节点处，按照桁架内力分析原理，该节点上立杆、上斜杆及右横杆全部为零，因而左横杆所传来的内力 W 主要由该节点的立杆和斜杆承受。此时 $\sum x = 0$，可得斜杆内力 $S \cdot \cos\alpha = W$，即可求得斜杆内力 $S = W/\cos\alpha$；此时再用 $\sum y = 0$ 条件，可知下立杆内力 $N = S \cdot \sin\alpha$。此立杆内力一直传递到支座；斜杆内力一直沿斜杆传下去。

（3）由上可知静定结构的计算是很方便的。这里还要给予一些很重要的力的计算方法，其规律是：立杆、横杆、斜杆之间的关系符合平行四边形定理，即横杆和立杆与斜杆内力数值之比与其杆件长度成正比。因此只要知道其中之一，即可求出另外两内力。

除上述规律之外，应当提到内力叠加原理：上述只计算了一个节点荷载，如果各个节点都有荷载则利用单独荷载计算的结果采用叠加的方法，将每一根杆件内力叠加即是其最终结果。

除了内力叠加法之外，还有一个问题是节点荷载与均布荷载的转化问题。譬如侧向的风荷载作用在安全网上再传到立杆上成为均布荷载。此时可将均布荷载按立杆长度折算成节点集中荷载即可计算，在建筑施工架计算中，除按节点荷载计算内力外，由局部均布荷载所产生的弯矩，可与轴向力叠加计算，也就是按压弯构件计算。

以上对建筑施工架静定结构的计算作了较为详尽的介绍。了解了静定条件之后就会明白，当斜杆的设置数量多于静定条件时，就成为超静定结构了，就不能简单地用静力学方程式计算内力，而必须加入变形方程式予以解决。

3.2.4 空间结构与平面结构

任何一个结构都是一个空间体，否则不能在三维空间里稳定存在，就以建筑施工架为例，单独一片架体是不能稳定存在的，至少需要两片架体相互连接才能存在，这就是结构的空间性。虽然架体必须是空间体，但是人们在建立结构时总是从平面体开始，将平面体在垂直方向相互连接成为空间结构。结构计算通常将其分解为相互垂直的两个平面结构进行计算，这是由于空间体直接计算在数学上的难度较大之故。本节的计算方法也是按照平面结构进行计算的，建筑施工架采用平面结构计算，可以说是适当的和便于施工工程师掌握和运用的。

建筑施工架的研究中时常引入空间计算方法，尤其是当采用电脑软件时，采用框架结构的概念，按照空间框架来计算。但是引用者往往忘记了杆系空间结构的基本理论问题尚未解决。以节点为例，空间节点杆系虽然可以建立 $\sum x=0$，$\sum y=0$，$\sum z=0$ 的方程式，但是不能确定"静定"条件，至于空间的力矩 $\sum M=0$ 的条件就更为复杂，以目前"网架结构"为例，虽然是典型的杆系结构，但不能利用平面结构的公式予以解决。因而笔者认为采用"空间杆系"计算目前仍不具备条件，只有弄明白了其力学原理才能用来计算。按空间结构计算无疑是只能作为"展望"，这些软件在架体计算中的可行性也值得怀疑。

3.2.5 斜杆与支撑的概念

建筑施工架结构中时常遇到的一个名词就是"支撑"，其来源于工程结构，以钢结构工业厂房最为典型。钢结构厂房屋架下弦没有水平支撑；钢柱之间、钢屋架之间有垂直支撑。这些支撑的特点是：杆件细长，只承受拉力；支撑采用十字交叉的结构。选用这样的结构其目的是节省材料，正如前面所讲，受拉构件可充分利用材料的强度（不必计算压杆的折减系数），当然由于荷载的方向有两个：一是正方向，二是反方向。设立十字交叉杆可承受两个方向的荷载，使之永远保持为拉力。略去另一方向拉杆即可。从这一意义来说，剪刀撑实际仍然为一斜杆，而无特殊的新概念。

在建筑施工架的讨论中，时常遇到这样的争论，即设"支撑"和"斜杆"的争论。此外从目前的规范中也反映出这种观点上的差别。笔者的观点认为二者概念相同，因而统一用"斜杆"概念。当然采用这一概念时要注意，支撑概念中的杆件为双向拉杆，因而选用"斜杆"时，不能只承受拉力，而必须能承受压力。由于建筑施工架的杆件长度都不太大，一般小于长细比限值，可以达到承受压力的要求。以钢管架为例，杆件的计算长度一般不大于 2m（立杆除外），因此可以达到长细比 $\lambda \leqslant 200$ 的条件，故不存在问题。当存在较长杆件时，亦可对其受压承载力进行验算，以期得到可靠保证。

3.3 超静定结构的计算

3.3.1 超静定结构及超静定次数

3.3.1.1 超静定结构的确定方法

如前所述，按静力学公式可以计算的结构称之为"静定结构"，当无法用静力学计算内力时则称之为超静定结构。也就是说超静定结构的构造中有多余的连接杆件或约束，使得完全用静力学来解算成为不可能。此时必须增加变形条件，其中首先要确定的是结构超静定的次数，也就是所需增加的变形条件的数量，现以几种典型结构进行叙述。

3.3.1.2 梁式结构

梁式结构最简单的是简支梁，也就是只有 2 个支座的梁，在荷载的作用下利用静力平衡的 3 个方程式即可求得未知的支座反力，成为静定结构。但当支座超过两个时（图3-8），单纯用静力平衡的 3 个方程式，则不可解决。因为 3 个方程式只能解三个未知数，而支杆（包括水平支杆）数量却超过了 3 个，因而是不可解决的，这种结构即是"连续梁"。那么在确定其超静定次数时可以按照多出来的支座数量来确定，也就意味着要提出多余的变形条件来加以计算。

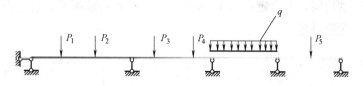

图 3-8　连续梁的结构

3.3.1.3　柱结构

柱结构如图 3-9 所示，（a）图中为下端固结，上端自由，实际上如同悬臂梁下端的垂直反力，水平剪力和固端弯矩按照静力学 3 个方程是可以求出的，因而是静定的；（b）图中上、下端铰接，只存在三个未知数：上端支座的水平力和下端支座的水平、垂直反力 3 个未知数，也是静定的；（c）图中下端固结，上端有铰接水平支座，与（a）图相比多了上端的水平支座，是超静定，超静定次数为一次。

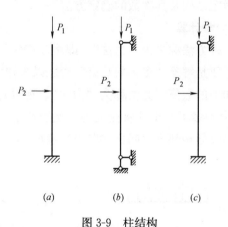

（a）　　　　（b）　　　　（c）

图 3-9　柱结构

3.3.1.4　桁架结构

桁架结构如图 3-10 所示，（a）图中杆件与节点构成为三角形体系，因而是静定结构；（b）图中则略有不同，不同之处是腹杆为交叉杆，因而比三角形体系多出一根杆，因而成为超静定，在该实例中共有 4 根多余杆件，因而是 4 次超静定。

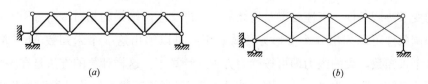

（a）　　　　　　　　　　（b）

图 3-10　桁架结构

3.3.1.5　拱及刚架

如图 3-11 所示为几种拱及刚架结构，其中（a）图为三铰拱，也即两端及中心都为铰连接，此时可用静力平衡的 3 个方程式计算四个支座反力（其中水平支座反力左端与右端大小相等、方向相反）；（b）图为无铰拱，即支座为固结，与（a）图相比较：两端固结增加了 2 个力矩，中点固结也增加了一个力矩，因而属超静定，超静定数为 3；（c）图为三铰刚架，与三铰拱相同，为静定；（d）图可以看出它是两铰刚架，较三铰刚架多一中点力矩，因而是一次超静定。

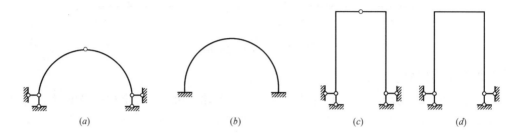

图 3-11　拱及刚架

（a）三铰拱；（b）无铰拱；（c）三铰刚架；（d）双铰刚架

以上主要说明的是超静定结构及其次数的确定方法。

3.3.2　超静定结构的力学计算

超静定结构计算的第一种方法称之为"力法"，即将超静定结构先化解为可以用静力平衡的静定结构。此过程主要是解除"多余的约束"代之以未知力，然后利用多余约束处变形协调条件计算多余未知力的数值，此法称为"力法"。现以连续梁为例来说明，图 3-12 所示为一四跨连续梁，由于多了 3 个支座而成为三次超静定，现将其中间 3 个支座化为铰成为静定结构，之后将铰处相邻梁之间代之以未知弯矩 M_1、M_2 和 M_3。

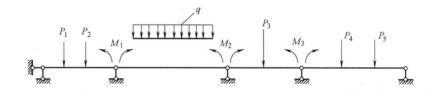

图 3-12　连续梁解除多余约束代之以未知弯矩 M_1、M_2 和 M_3

完成以上步骤后，该四跨连续梁分解为 3 个独立的简支梁，即可按静力方程式进行计算，但是静力学计算中存在 M_1、M_2 和 M_3 三个未知数。因此必须解这 3 个未知力。利用连续梁的变形协调条件，支座处梁是连续的，也即支座两端梁的相对转角等于零，按这样的变形协调条件可以列出 3 个变形方程式，正好可以解出这 3 个未知数 M_1、M_2、M_3。有了这 3 个未知数，梁的内力即可按静力方程式计算了。这样计算的方法是在多余约束条件处采用"未知力"作为未知数，因而称"力法"。当然超静定结构计算时所作的变形计算在某种程度上说是较为繁琐的，这也就是超静定结构计算的难点。

上面以连续梁为例说明超静定结构计算的力法。结构力学家们以连续梁等具有独立意义的个别例题逐渐摸索到对更复杂的超静定结构具有普遍意义的力法准则方程式：

$$\left.\begin{array}{l} \delta_{11}x_1+\delta_{12}x_2+\delta_{13}x_3+\cdots+\delta_{1n}x_n+\Delta_{1p}=0 \\ \delta_{21}x_1+\delta_{22}x_2+\delta_{23}x_3+\cdots+\delta_{2n}x_n+\Delta_{2p}=0 \\ \qquad\qquad\cdots\cdots \\ \delta_{n1}x_1+\delta_{n2}x_2+\delta_{n3}x_3+\cdots+\delta_{nn}x_n+\Delta_{np}=0 \end{array}\right\}$$

该联立方程式组表示的是具有 n 个多余未知力（也即 n 次超静定）的方程组。式中的 x_1、x_2、x_3 和 x_n 表示的为 n 个多余未知力。通过上述方程组解出了 x_1、x_2、$\cdots$、x_n n 个多余未知力，即解决了 n 次超静定结构的计算。

该方程组中多余未知力 x_n 前的系数 δ_{nn} 和 Δ_{np} 的数值是要计算的系数，该系数的计算就是利用变形条件来求得，δ_{nn} 中脚标 nn 的意义如下：前面的脚标 n 代表的是所计算未知力 n 处的变形数值；后一个脚标 n 代表由第 n 个未知力 x_n 所起的作用；最后的 Δ_{np} 代表的是荷载 P 对第 n 个未知力处变形的影响。

该联立方程组实际上是将各未知力及荷载产生的变形达到解除约束前处的变形值。

用力法方程式解超静定结构需要掌握的计算方法主要有两点：一是计算方程式的各项系数，此时要利用"图形相乘法"，是具有较深的结构力学基础知识才可以解决的；二是在计算了各项系数 δ_{nn} 和荷载项 Δ_{np} 之后解联立方程。当超静定结构超静定的次数较多时，未知力数量较大，解起来是比较困难的，但是在运用电脑计算则不会有太多困难。

除"力法"之外，超静定结构还可采用"变形法"计算，就是在结构上增加更多的多余约束，利用多余约束处力的平衡条件来计算。此法的准则方程式与"力法"方程式基本相同，列出如下：

$$\left.\begin{array}{l} r_{11}z_1+r_{12}z_2+r_{13}z_3+\cdots+r_{1n}z_n+r_{1p}=0, \\ r_{21}z_1+r_{22}z_2+r_{23}z_3+\cdots+r_{2n}z_n+r_{2p}=0, \\ \qquad\qquad\cdots\cdots \\ r_{n1}z_1+r_{n2}z_2+r_{n3}z_3+\cdots+r_{nn}z_m+r_{np}=0 \end{array}\right\}$$

该式中系数 r_{nn} 系指第 n 个多余约束在该处产生的变形，r_{np} 是荷载在多余约束 n 处的变形值。

"变形法"在解多层框架时是极为方便的。

以上所述超静定结构的计算方法显然是过于简略，但是对于建筑施工架的结构计算又是极为重要的，如果没有理解其基本原理，对于建筑施工架的结构计算就不能正确理解，这是目前在这方面的极大障碍，因而将其述录于此。

3.4 多层框架的内力分析

3.4.1 多层框架的内力分析

多层框架其主体结构是柱与梁，而梁与柱之间都是刚性节点，近代的高层写字楼以及住宅多采用这种结构，这种结构在结构力学中是多次超静定结构，其超静定的次数与结构的层数、跨数之积成正比，可以说是超静定结构中计算未知力最多的结构，因而也是结构力学学者极为关注的一个课题。其解算方法以位移法最适宜，该法是将节点处增加约束，以该约束（转角）为基本参数，利用"约束位移"为未知位移，通过多元一次方程组来解算出"位移"值。由于多层框架的主要构件强度是受弯强度，因此多以刚性节点处的角变位（转角）为基本参数。

20世纪多层框架由于多参数解方程的困难，成为结构计算中的难点，自从电脑引入结构计算后使得问题变得简单易行，计算多层框架的计算软件也就应运而生。

在脚手架和支撑架的研究过程中，常用简单的结构类比的方法，许多学者看到脚手架的主要结构是柱和梁的组合体，因而想到按框架结构进行计算。最早想到框架计算法提出的是"无侧移框架"，但是由于计算的难度大，故未得到真正的解决，只是一种假设。直到20世纪末出现了"半刚性"节点的理论。由于半刚性节点的计算法并不成熟（未达到实用程度）不能实际运用。但是21世纪的试验研究报告中，较多地采用了框架结构计算，运用框架计算法的目的是以框架计算法替代"半刚性"节点，然后以框架计算为基础进行系数调整。这些试验研究者由于并不熟悉框架结构计算法，于是多依靠现成的软件来进行推算，但这种软件是针对框架结构的，并不适用于施工架，所得到的结果也只能是一些定性的结论，譬如"有斜杆"与"无斜杆"对承载力的影响等，但得不出任何定量和可以利用的试验数据。

3.4.2 多层框架与建筑施工架实际情况的差别

为了能正确地选用内力计算方法，应当对多层框架的荷载情况以及其主要计算数据与建筑施工架的情况进行对比，以便搞清所选用的方法是否适当。从两种结构对比来看，其中有以下两点值得探讨。

（1）框架结构的横梁跨度较大，所受的主要是横向荷载，因而跨中弯矩、节点弯矩等成为构件计算的主要参数。

（2）建筑施工架的网格式结构横梁跨度很小，而承受的荷载主要是柱的轴向力，弯矩是次要参数。

从以上情况看，由于结构本身的差别，其计算的目标并不一致，因而套用框架结构的计算法并不恰当，因而采用框架结构的计算软件并不能得到有效的结果。从实际工作效果看，大多数采用框架结构软件所得的结果都不成功。

3.5 刚架的内力分析

3.5.1 门式钢管架与刚架

门式钢管架可以说是建筑施工架中的另类，另类的原因：一是主要架体并非由直线形杆件构成的网格式结构；二是其主体结构的构成并不服从结构设计的原则。如门架中的横梁即不按桁架的构成原则形成三角形体系，又不合乎实心的梁；而立柱的构成也是，除不构成三角形杆系外，部分杆件还是曲线形。但是门式钢管架在施工现场仍有广泛的应用，因而对门式钢管架的结构计算就带来了极大困难。从近数十年来的应用以及已颁布执行的门式钢管架规范来看，这个技术空白还是需要填补的。

为了解决门式钢管架的结构计算问题需要理论联系实际，采用与其相近的结构计算简图求出合理的计算方法。从以上想法出发首先要对门式架单体进行归纳，从实际情况看，横梁虽不能成为理想桁架或实心梁，但近似地视为梁（这是由于横梁的横向均布荷载较小，抗弯能力基本可满足要求），而立柱部分以单肢立杆来代替也是足够安全的，而且立柱和横梁连接的角点有较大刚度，因而将其整体视为刚架应当说是与实际最为接近的结构计算简图。

3.5.2　刚架的特点与门式钢管架

由横梁立柱组合而成的门形刚架在单层工业厂房中有广泛的应用，因而在结构力学中已有成熟的计算方法，门形刚架的主要结构类型有三种：三铰刚架、双铰刚架和无铰刚架（图 3-13）。其中三铰刚架为静定结构，直接从力的平衡方程即可解出内力；双铰刚架为一次超静定；第三种无铰刚架为三次超静定。从门式钢管架的单元体来看，双铰刚架是最为接近的结构计算简图，因为在其两柱根部不能承受弯矩。双铰刚架具有一次超静定的特点：第一，在其平面内不必再设置斜杆来达到几何不变条件；第二，由于具有一次超静定，显然其安全可靠度会更好。从多年应用的情况看，门式架发生倒塌的事故极少，其基本原因可能就在于此。

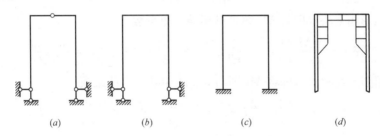

图 3-13　门形刚架的结构计算简图

(a) 三铰刚架；(b) 双铰刚架；(c) 无铰刚架；(d) 门式钢管架

当然，作为门式架来说，其应用方法主要是多层叠加的结构，上面的门架坐落在下面的门架之上，形成多层刚架的形式。这种结构在建筑结构中未曾见到过，因而对多层刚架结构的计算就要发挥创造性予以解决。从门式架多层叠加的计算来看并无先例，门式架推广时，只提供了叠加到 5 层的承载力试验结果，一组门架（二榀加上支撑体系）的破坏荷载达到 22.2kN，当然这是很不够的，除了在垂直荷载作用下之外，还应当给出在横向荷载（风荷载）作用下的内力分析，才能达到技术的完整性，并给人以明确的概念。此外门式架在我国应用时，除引入时的规格之外，有许多改造的品种，只有统一理论计算方法才能使其技术上达到一致。

3.5.3　门式钢管架按刚架计算

3.5.3.1　单体双铰刚架计算

单体门式架在横梁上均布荷载作用下的结构计算图如图 3-14 所示。

(a) 图所示为通常脚手架作用在横梁上的均布荷载 q，按照"力法"将中点转化为铰，代之以未知力 x_1，如 (b) 图所示为未知力 x_1 的单位弯矩 M_1 图；(c) 图所示为均布

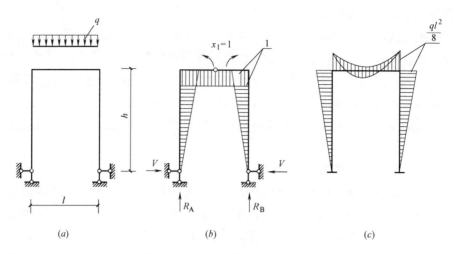

图 3-14 门式钢管架结构计算图

(*a*) 门架结构图; (*b*) M_1 图; (*c*) M_p 图

荷载 q 作用下的弯矩 M_p 图。

一次超静定的准则方程式为

$$\delta_{11}x_1 + \Delta_{1p} = 0$$

其中按图形相乘法 (即将 M_1 图自己相乘) 得系数

$$\delta_{11} = \int \frac{M_1 M_1}{EI} \mathrm{d}s = \frac{1}{EI}\left(1 \times l + \frac{2}{3} \times \frac{1}{2}h \times 2\right) = \frac{3l+2h}{3EI}$$

再次应用图形相乘法 (即将 M_1 图与 M_p 图相乘) 得荷载项

$$\Delta_{1p} = \frac{-2}{EI}\left(\frac{1}{2} \times \frac{2}{3}h \frac{ql^2}{8} + \frac{1}{3} \times \frac{l}{2} \times \frac{ql^2}{8}\right) = \frac{-ql^2}{24EI}(2h+l)$$

将 δ_{11} 和 Δ_{1p} 代入准则方程式, 得多余未知力

$$x_1 = \frac{-\Delta_{1p}}{\delta_{11}} = \frac{ql^2}{24EI} \cdot \frac{(2h+l)}{\left(\dfrac{2h+3l}{3EI}\right)} = \frac{ql^2}{8} \cdot \frac{2h+l}{2h+3l}$$

通过以上计算即可得出未知力 x_1, 然后将 M_1 图与 M_p 图叠加得到该门式架在横梁荷载作用下横梁和立柱的内力。

现以某通用门架为例进行计算 (门架高 $h = 1.7\text{m}$, 宽 $l = 1.2\text{m}$, 间距 1.8m), 脚手板荷载为 350N/m^2, 施工荷载为 2.7kN/m^2。

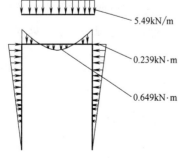

5.49kN/m

0.239kN·m

0.649kN·m

图 3-15 合成弯矩图

解: 均布荷载 $q = 1.8(0.35+2.7) = 5.49\text{kN/m}$,

多余未知力 $x_1 = \dfrac{ql^2}{8} \times \dfrac{2h+l}{2h+3l}$

$$= \frac{5.49 \times 1.2^2}{8} \times \frac{2 \times 1.7+1.2}{2 \times 1.7+3 \times 1.2} = 0.649\text{kN} \cdot \text{m}$$

将 x_1 代入 M_1 图, 并与 M_p 图叠加以后, 得刚架弯矩图如图 3-15 所示。

对于立柱和横梁的验算可近似按上弦格构梁

计算。

横梁惯性矩　$I=1.51\times5.3^2+3.04\times2.7^2=64.58\text{cm}^4$；

抵抗弯矩　$W=I/y_0=64.58/5.3=12.18\text{cm}^3$；

横梁外缘应力

$$\delta_{max}=M/W=\frac{0.649\text{kN}\cdot\text{m}}{12.18\text{cm}^3}=53.28\text{N/mm}^2<205\text{N/mm}^2（合格）$$

立柱的轴向力　$N=gl/2=5.49\times1.2/2=3.294\text{kN}$，

立柱为 $\phi42.7\times2.5$ 钢管，截面积 $A=304\text{mm}^2$，惯性半径 $i=14.3\text{mm}$，长细比 $\lambda=\frac{l_0}{i}=\frac{1700}{14.3}=118.88$，查表得折减系数 $\varphi=0.507$。

承载能力 $[N]=\varphi\cdot A\cdot f=0.507\times304\times205=31596\text{N}>3.294\text{kN}（合格）$。

3.5.3.2　叠加式门形架

门形架作为双排脚手架时，在高度上是采用多个门架叠置的形式，其结构如图3-16所示，每一个门架都坐落在下面一个门架之上，因下层门架的横梁约束了上层门架下端的水平位移，如同双铰刚架一样。这种叠合式结构由于满布剪刀撑，故可保证其几何不变条件，但是如无侧向拉墙件，当风载作用时，立杆轴向力会随着层数的增加而成倍地增加，也就是轴向力与层数成正比。此点可从单层门架受风荷载作用时的计算看出（图3-17），当单榀双铰钢架受到集中横荷载 P 时，根据静力平衡方程式可以求出支座反力如下：

$\sum x=0$，$V_A+V_B=P$，

$\sum y=0$，$R_A=R_B$（方向相反）

$\sum M_0=0$，$Rh=R_A l$

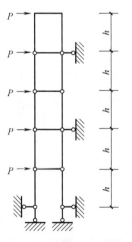

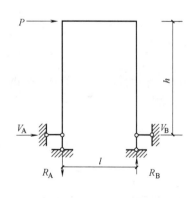

图3-16　多层门架结构图　　　　图3-17　单体门架受横向荷载

分析门形架承受横向荷载的力学原理，并非依靠斜杆（无斜杆），而主要是支座反力 R_A 和 R_B 方向相反形成力矩。支座反力的数值为横向力乘以 h/l（一边为拉力，一边为压力）。每一层的门架都是如此，因而轴向力是叠加的。

除了上述原因之外，还要注意的是另外一个立柱要产生拉力，这也是不能允许的，

（一般立柱不能生根）。因而在用于双排脚手架时要采用拉墙件与之拉接，以支撑横向力。拉墙件的设置不少于两层一个，因而横向力是节点荷载，在有拉墙件的一层由拉墙件来承受，而无拉墙件处还是要由立杆来承受。

3.5.4 门式钢管架的机动分析

门式钢管架在我国虽有规范，但实际对门式钢管架的结构理论分析却极为薄弱。这是由于其结构构造不符合结构设计规则的缘故。因而上述笔者所提出的按刚架进行计算的粗略方法，是否合理也值得进一步探讨。

门式钢管架除了上述结构计算的部分之外，另一部分值得注意的是几何不变性的问题，门式钢管架原设计在几何不变性上还是比较重视的，门式架除架体平面内为一次超静定之外，在门架之间设了十字形剪刀撑，看起来可以保证几何不变，但应当注意的是原设计门架之间采用带连接钩的钢脚手板，这是很重要的，相当于门架间的纵向连接杆。但是

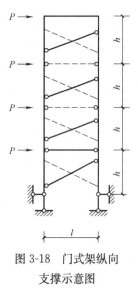

图 3-18 门式架纵向
支撑示意图

这种架子在引入我国后多数不采用钢脚手板，等于把门架间的连接杆取消了，因而造成侧向稳定性不足，不能达到几何不变条件，现结合图 3-18 加以分析。

图 3-18 中实线为实际支撑杆件，虚线表示实际不存在的杆件。其中一层和顶层门架间有连接杆，其余两层门架间无连接杆。剪刀撑由于单向受力，所以只有单向杆。从底层分析，虽然顶部有连接杆，但该体系仍为可变体系，因为剪刀撑并没有连接到顶端及底端形成三角形体系。上边两层门架间无连接杆，则这种情形变得更加严重，所以门架间的支撑体系是门架的薄弱环节。

当然从实际应用情况来看似乎并未造成结构倒塌，这是由于十字撑虽未连接到上下节点，但接近上下节点之故，且十字撑的数量为满布，提高了其稳定性。

鉴于上述情况，对门式钢管架建议适当进行改造，一是门架间增加纵向连接杆；二是将剪刀撑的连接点由立杆中改为立柱上下端，以进一步保证结构的几何不变性。

3.6 建筑施工架力学分析的几种方法

3.6.1 半刚性节点与框架结构计算法

上面较为全面地介绍了结构力学中力学分析的方法，只有将这些已有的科学成果运用到建筑施工架中才是唯一可行的正确方法，但是在如何运用上述基本原理上却存在着较大差异。归纳起来差异主要是从架体的基本假设上产生的。正如前述，一个架体由多个杆件组成，连接点（节点）看作"刚"接还是"铰"接，应当说是主要立足点的差异。其中"铰"接本是杆系结构最传统的观点，也为国内外同行们普遍所接受。但是由于有人提出了"半刚性"节点的假设，铰接假设就被忽视。半刚性节点假设出现于 20 世纪初，并成

为扣件式钢管架的理论依据。但是该种假设在理论上尚处于设想阶段而没有达到实际应用的程度。半刚性假设的基本概念至今并不清楚，例如半刚到什么程度？如何计算等等。而铰接与刚接均有明确的力学概念，即在节点处杆件之间不存在弯矩或不存在相对角变形，并以此纳入"力法准则方程式"或"位移法方程式"进行计算，但是半刚性假设两个概念都不能应用，于是其数学计算也就成了问题。

当然科学是不断发展的，出现新的观点和理论是正常现象，但是我国的情况却有所不同，不同之处在于"半刚性"假设的建立者并没有将其基本概念完整化和系统化使其达到可以计算的程度。这个结果使很多人追随这一理论走入误区，实际上半刚性的基本概念和计算方法并不清楚，因而无法令人理解，更谈不到具体应用了。

半刚性假设的概念模糊，引导很多人走入另一误区，即力学概念不清的电脑计算。不讲清力学概念的电脑软件就成了力学概念的挡箭牌。我国采用电脑计算结构的软肋就在于此，缺乏懂得电脑的力学家是当前结构力学发展的拦路虎。

由于半刚性假定不能给建筑施工架以可用的解答，于是许多学者将目标转向刚性节点假设，实际上也就是拿建筑施工架当作框架结构计算。初看起来很简单，因为框架结构是大量应用于钢筋混凝土建筑，因而其电脑软件当然也可以采用，但实际情况并非如此。建筑施工架虽然主体是横梁与立柱，但连接点多数接近于铰，连接点并不能承受较大弯矩；另外一个问题是框架结构的跨度大，立杆高度也大，其主要承力构件承载的是弯矩；而建筑施工架横梁跨度小，立杆高度也小，其主要承力构件承受的主要是轴向力。这样的情况使得采用框架结构来计算的方法未被大多数人所接受，可以说采用框架解法并无光明前途。还有的学者进一步引入空间框架的软件进行计算，但也都未能取得真正可用的成果。笔者认为建筑施工架并非是重要的工程结构，对它的研究应当以实用为目的，不必选用过于复杂的结构理论，也不必过于计较其计算结果的精度，建筑施工架的结构计算重点应放在安全之上。除此之外，所提出的方法应当是概念清楚，理论严谨，计算方法愈简单愈好，以便现场工程师掌握和运用。

对半刚性节点及框架结构计算方法存在着许多争论，这种争论是科学发展的必由之路，但是应当注意到争论的目的在于解决问题，因而应当从实际出发，尽量选择简单易行的方法。其实问题也只是两条：一是半刚性的力学概念是什么？二是在结构计算中如何体现其数学特点？因为结构力学目前只有铰接和刚接的相应公式。如何解决半刚性的计算公式？主张半刚性节点的专家们大多数不能解答以上两个问题，这就是问题之所在。在有关规范小组讨论时，有的专家就提出"为什么非用铰接基本假设呢？"这个答案其实很简单，就是因为铰接假设概念清楚，易于掌握和应用，而且理论和计算方法都比较成熟。

3.6.2 铰接计算法

铰接计算法是一种比较成熟的结构计算方法，在采用了略去多余未知力（或杆件）之后可以简化为静定体系，因而使其具有基本概念清楚、计算方法简单，易于被现场工程师掌握等诸多优点，而且作机动分析也比较简单，而这一点是保证建筑施工架使用安全的关键，碗扣式钢管架规范编制小组的理论依据也在于此。

铰接计算法的基本假设就是把整体结构中的连接点视为铰接，这并非什么新发明或者新发现，实际上英国的规范中即采用铰接节点假设。在我国的早期《施工手册》中，脚手架结构计算也是采用"铰接"假设，即便是在半刚性假设出现了的今天，铰接假设在讨论中还时常会被无形中应用。"扣件式脚手架规范"在很多地方仍然留有铰接假设的印迹，譬如立杆计算公式所采用的两端连接方式仍然是视为"铰"。此外规范并没有明确亮明"半刚性"假设的观点，这也说明半刚性假设并没有被确认。

"碗扣架规范"采用铰接假设是明确的，原送审稿还绘有相应的铰接结构计算简图，只不过通过审查将其删掉，而不能与工程师们见面而已。该规范采用节点铰接假设的主要有两点：一是建筑施工架节点的刚度并不能达到承受很大弯矩的能力；二是大多数结构试验（本书中所引用的井字架试验、双排脚手架试验等）证明按铰接进行机动分析和计算都是符合实际的。当然更重要的原因是概念清楚，便于现场工程师掌握处理现场的实际问题。

为了便于掌握"碗扣架规范"，在这里明确申明该规范有关结构计算及分析的基础为节点"铰接"假设，并将有关的结构计算称为"铰接计算法"，本书的整个内容都以此为基础。

铰接计算法的基本条件除了节点"铰接"之外，就是架体结构是"网格式结构"，其基本概念是横杆与立杆"十字"交接，斜杆通过横立杆之交点，这就免除了许多构造条文，即对于不构成网格式结构的架体，本书并不提供计算方法，也不予以分析，以确保架体的安全使用。有关铰接计算法的机动分析（几何不变性）都按照本书第 2 章 2.3 节进行。

3.6.3 电脑计算与结构计算

严格说来，用电脑进行结构计算并不能算是建筑施工架结构计算的一种方法。从结构力学的角度来说，只有按照不同的结构原理和结构数学分析才能算是力学计算的一种方法。从通俗角度来说，电脑只能算是工具，而不能代替结构力学。但是从近年来发表的有关建筑施工架的论文及试验报告中，这种以电脑代替结构力学的情况却屡见不鲜。

在建筑施工架中电脑应用的特点是：不谈结构力学，单刀直入地用电脑计算结果。这样就使得对方无法讨论问题，也无法判定所计算的结果的正确性；还有一种情况是直接利用某某国家的计算软件，并为该国软件的优越性进行商业宣传，但没有说明该软件适用于什么结构，如何运用，具体计算的内容等等，实际上给人一种印象是应用者本人对该软件的原理并不清楚，因而所论述的问题与电脑运算互不相干，这样应用电脑作结构计算实在令人遗憾。

出现这种状况最大的问题还是在高等教育上，我国的工程教育在文革之前采取的方针是注重基本理论。以结构专业来说，结构力学是重点专业理论课。但是 1978 年以后由于课程加多，学年缩短，因而结构力学似乎已成为次要学科。从教学内容看，三大力学都特别注重公式推导，把力学原理讲解得较为深透。同时对所推导的公式都作出物理意义的分析，使得学生熟练掌握公式并能做到举一反三、灵活应用。现在的情况已大为不同，很多人已不会运用这些公式，审查方案时也不知道哪个是对的，哪个是错的。结构力学课程的削弱带来的后果是极为严重的，导致了利用电脑计算的盲目性，认为电脑计算可以替代力学原理，应当说这也是一种错误的倾向。因为电脑专业的着眼点在电脑技术而不是结构力学，这种缺陷应予弥补，应当在结构力学与电脑应用的结合上予以加强。目前高等院校应当说人才众多，其中教师及研究生数量都是可观的，甚至还觉得科研课题不够，为什么不将这一课题纳入论文呢？当然这种论文很可能无科研经费，又无经济效益。

本书的本意绝非反对电脑之应用，而是希望电脑在建筑施工架中的应用提高到更高的高度，达到真正切合实际的程度。

3.6.4　立杆视为连续的计算方法

前面已经叙述了建筑施工架的铰接计算法。在编制碗扣架规范过程中对铰接计算法做了七组试验，证明采用铰接计算法与试验结果是一致的，并偏于安全。但是试验结果的立杆承载力较计算承载力大一倍左右。通过分析感到铰接计算将节点处视为铰存在着较大的安全储备。因为实际上立杆在节点处是连续的，也即上下之间有较大传递弯矩的作用。据此采用"连续立杆"（有如连续梁一样）的假设，对立杆的极限承载力进行计算，得出的结果表明，考虑立杆连续性的结果实际上是相当于减少了以立杆步距为准的计算长度，提高了立杆承载力，此结果也列入碗扣架规范中。

考虑立杆连续性的理论实际是扩展了欧拉公式，因为欧拉公式只解决了两端铰接、自由、固接等基本模式。因而也可以说是创造性地解决稳定计算的一种新情况。

将立杆视为连续的，与之相连的横杆或链杆成为连续立杆的支座，只能承受水平力而不影响该处的力矩。该处立杆相互间传达力矩，当然力矩上下间的作用为大小相等、方向相反。而在该处立杆不产生相对转角（变形协调条件）。此计算法对半刚性节点的假设似有某有种补充意义，但又绝对与概念不清的半刚性假设不同。因为这里概念是明确的，即上、下弯矩相同，方向相反（作用及反作用相等定律），相互转角为零。

现将理论指导叙述于后，首先将立杆的计算简图列于图 3-19。

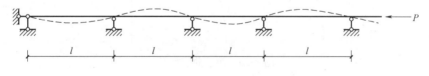

图 3-19　刚性支座立杆轴心受压结构计算简图

连续的中心受压杆实际上每一段（l）都应符合压杆挠曲微分方程，只不过端部并非都是铰接，左端第一段的左端为铰接，而右端为弹性连续，接受第二段所传来的弯矩；第二段则双端皆为弹性连接。利用已有理论研究结果，列出通用的挠曲方程为

$$EIy'''' + Py'' = 0 \tag{3-1}$$

令 $k^2 = P/EI$，其通解为

$$y = C_1 \sin kx + C_2 \cos kx + C_3 x + C_4 \tag{3-2}$$

根据图 3-19，将立杆分为两段：下段的边界条件一端连续、一端铰接；上段的边界条件为两端都是连续。显然下端为铰引起的弯矩影响将更小，而上段的影响将更大，因而采用下段边界条件是偏于安全的。现以下段边界条件进行计算：

A. 铰支端：$x=0$ 处，$(y)_{x=0}=0$；$(y'')_{x=0}=0$，得积分常数 $C_4=0$ 和 $C_3=0$；

B. 连续端：$x=l$ 处，$(y)_{x=l}=0$，代入方程解：$y=C_1\sin kx+C_3x$，得 $0=C_1\sin kl+C_3l$，得积分常数

$$C_3=\frac{-C_1\sin kl}{l} \tag{3-3}$$

再代入弯矩边界条件 $M_{(x=l)}=r(y')_{x=l}=-EI(y'')_{x=l}$，式中弹性转动刚度 $r=3EI/l$。

$$(y')_{x=l}=C_1k\cos kl+C_3 \tag{3-4}$$

$$(y'')_{x=l}=-C_1k^2\sin kl \tag{3-5}$$

得

$$-EI(-C_1k^2\sin kl)=\frac{3EI}{l}\left(C_1k\cos kl+\frac{-C_1\sin kl}{l}\right)$$

$$k^2l^2\sin kl=3kl\cos kl-3\sin kl$$

化简后得超越方程

$$\tan kl=\frac{3kl}{(kl)^2+3} \tag{3-6}$$

该方程的解可采用图解与试算的方法求前部曲线和后部曲线的交点，如图 3-20 所示。

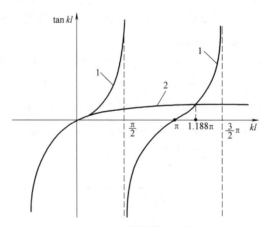

图 3-20　超越曲线的解

由式（3-6）求得 $kl=3.73\approx1.188\pi$，此时的极限荷载为

$$P_{cr}=\frac{\pi^2EI}{(\mu l)^2} \tag{3-7}$$

相应的计算长度系数 $\mu=1/1.188=0.84$，意味着与两端都是铰接的立杆，其极限承载力的提高相当于原计算长度缩短至 84%。

以上的力学推导说明，由于立杆的连续使其在支座处产生弹性弯矩，此弹性弯矩的存在，使承载力数值比按铰接计算相应有所提高。以 $\phi48\times3.5$ 钢管立杆为例，当两端铰接时，其长细比 $\lambda=420/1.58=265.8>250$，已超过轴心受压构件稳定系数表 φ 值的最大限值，因而无可靠的承载能力，故不能使用。但是如果以立杆连续为基本条件，4.2m 长的立杆计算长度 $l_0=4.2\text{m}\times0.84=3.528\text{m}$，其长细比 $\lambda=352.8/1.58=223.3$，其轴心受压

稳定系数 $\varphi=0.146$。其承载值为 $N=\varphi Af=0.146\times489\times205=14635.77\text{N}$，仍然有可靠的承载能力。

本节中用了相当多的篇幅讨论了考虑立杆节点刚性的问题，完全对照结构力学中的基本力学原理进行讨论。与"节点半刚性"假设相比较，既有相似之处（都是考虑节点的刚性），又有极大的不同。不同之处在于连续性假设概念清楚，理论严密，但半刚性假设都是概念不清，计算方法不明。

4　钢管架的结构与计算

4.1　钢管架的结构类型及统一特点

已有的建筑施工架种类很多，但最为通用的是钢管架，其结构是由横、立管（直线形杆件）组成的架体，譬如扣件式钢管架、碗扣式钢管架、盘扣式钢管架以及插销式钢管架，其区别只在于横立杆连接的方法，其组成的整体结构都是横立杆十字交接形成有如网格一样的主体结构，这样就给结构计算建立了统一的模式。对这种统一模式可以采用统一的结构计算模型，在力学分析阶段是很方便的，然后根据力学分析结果对节点的承载力分别对照每种不同的类型进行设计就可以运用于不同的类型。只有非直杆型的门架属于另类，力学分析只能单独进行。此外根据工程需要有时要悬挑，有时要跨越，以及对移动式脚手架的需要条文都是特殊的情况，通常是要专门设计的，这时应当按照已有的力学计算方法进行处理，这也是发挥结构工程师创造性的部分。根据过去的施工经验，结构工程师是能够针对实际情况设计出这类新架体结构的。

建筑施工架的产生与发展是与专利分不开的，因而各自有其独自的特点，这种发展趋势恐怕还要继续下去，然而它的出现并不能导致其结构计算法的出现，最典型就是门式架，几乎无法纳入现在结构力学的范围。为了能研究其结构计算法，当然只能从已有的种类进行归纳和分析，寻找最接近的体形才能达到合理的结果。

4.2　《建筑结构可靠度设计统一标准》GB 50068—2001

4.2.1　建筑施工架安全使用与 GB 50068—2001 标准

建筑施工架倒塌事故频发到今天已有十余年之久，倒塌事故分析的报告恐怕也超过百件了。但是对事故发生的原因却说法各异，当然最官方的说法就是架体的材料、配件不合格以及工人操作不当等等。许多结构研究学者也以此为课题开展试验及理论研究，但所提出的命题也仍然是各不相同。当然各种报告和研究不能说没有道理，但是对于结构工程师来说应当抓住主要矛盾，掌握结构破坏的主要原因。从这个方面来说，指导结构设计的《建筑结构可靠度设计统一标准》GB 50068—2001 就成为必须掌握的重要规范。该标准是指导我国各结构设计规范的综合性规范，在该规范中重点说明了我国结构安全度问题和极限状态设计法的细则，对于结构工程师和施工架的研究者都有很好的帮助。

该标准在第 3 章极限状态设计原则中，指出当结构或结构构件出现下列状态之一时，应认为超过了承载能力极限状态：

（1）整体结构或结构的一部分作为刚体失去平衡（如倾覆等）；

（2）结构构件或连续因超过材料强度而破坏（包括疲劳破坏）；或因过度变形而不适于继续承载；

（3）结构变为机动体系；

（4）结构或结构构件丧失稳定（如压屈等）；

（5）地基丧失承载能力而破坏（如失稳等）。

建筑施工架作为一种结构当然也不会超出这一范围，因而在分析建筑施工架倒塌原因时也应按以上5种原因来分析才能得到正确的结果。按以上5种原因对建筑施工架进行具体分析可得如下结果：

（1）整体结构作为刚体失去平衡，只有模板支撑架在风荷载作用下会发生，产生的原因是施工架一般不生根，因而在风荷载作用下会在立杆中产生拉力，此时即造成架体倾覆而倒塌。

（2）结构构件或连接因超过材料强度而破坏。对于施工架也是可能的，当荷载的作用使杆件或节点的连接超过所能承受的数值时，发生破坏。而局部的破坏造成架体整体倒塌，这就是结构计算所要解决的架体安全目标。

（3）结构变为机动体系。此一点是要在结构设计时重点关注的问题，要掌握达到几何不变的具体条件，使这种情况不发生。

（4）结构或结构构件丧失稳定。这种情况在建筑施工架中也是结构破坏的主要原因，因为作为立杆来说属于中心受压杆件，又属于细长杆件，因而失稳破坏也是其主要的破坏形式。但是应当注意的是在《钢结构设计规范》中所提出的中心受压杆件承载力计算公式 $N \leqslant \varphi A f$ 中，其中的长细比折减系数 φ 已经将稳定因素计算在内了，因而在采用《钢结构设计规范》的上述公式时即已考虑了稳定破坏的因素。实际上此条与第2条已经合并，不必单独考虑了。

（5）地基丧失承载能力的问题在扣件式钢管架规范中给出了计算式，但是从建筑施工架的实际应用情况看，通常脚手架搭设在土地上时，都应设有垫板减少土壤单位面积上的压应力，一般不存在问题，值得注意的是两种情况：一是土地下方为回填土时，回填土质量不良会造成沉陷；二是当基底土排水不好时，由于雨水的浸蚀而造成基底下沉，这两点在施工中应予以注意。

由上述分析可以得出结论：建筑施工架的安全使用必须以"建筑结构可靠度设计统一标准"为结构设计的基础，在判断架体的安全因素时也应以上述标准为依据。

4.2.2　极限状态设计原则和安全系数 K

这个问题本来不应当是结构规范的问题，但是由于主管部门曾经发过关于脚手架规范编制规定的文件，提到过安全系数 K 的问题，因而给建筑施工架的设计带来了不应有的干扰。其实《建筑结构可靠度设计统一标准》中已经明确规定了我国结构设计一律采用"极限状态设计原则"，也就是不采用安全系数设计法，因而在脚手架设计中又提出安全系数 K 应当说是违反"国家规范"的，因而必须予以澄清。其实极限状态设计规则早在20世纪50年代即被采用，只不过当时采用的是工作条件系数、材料匀质系数和超载系数而已；现在的极限状态设计公式采用了结构重要性系数 r_0、作用分项系数 r_F 和结构构件抗力分项系数 r_R（或材料性能分项系数）。

采用安全系数法的另外一个问题是与《钢结构设计规范》不能统一，因为钢结构设计规范采用的也是极限状态法设计公式，而且将材料性能分项系数纳入到"强度设计值"之中，也即强度设计值是材料性能分项系数与标准强度之乘积。因而无法从中提出材料性能分项系数去计算安全系数 K。

4.2.3 极限状态设计表达式和钢结构强度设计值

为了能使设计者了解极限状态设计法，现将其通式列于后。本公式选用的是《建筑结构可靠度设计统一标准》GB 50068—2001 中的基本组合"对于一般排架和框架"的公式。

$$r_0\left(r_G S_{Gk} + \psi \sum_{i=1}^{n} r_{Qi} S_{Qik}\right) \leqslant R(r_R, f_k, a_k, \cdots)$$

式中　r_0——结构重要性系数（按安全等级为二级，采用 1.0）；

　　　r_G——永久荷载分项系数；

　　　r_{Qi}——可变荷载分项系数；

　　　S_{Gk}——永久荷载标准值的效应；

　　　S_{Qik}——起控制作用的可变荷载标准值的效应；

　　　ψ——荷载组合系数，一般可取 0.9，只一个可变荷载时取 1.0；

　　　r_R——结构构件抗力分项系数；

　　　f_k——材料性能的标准值；

　　　a_k——几何参数的标准值。

除了极限状态表达式之外，在建筑施工架的结构计算中要用到钢材的强度值，上面已经说过在钢结构规范中已将强度标准值与抗力分项系数 r_R 合并成为钢材强度设计值，现将 Q235 与 Q345 两种钢材的强度设计值列于表 4-1。

钢材强度设计值（N/mm²）　　　　　　　　　　表 4-1

牌　　号	抗拉、抗压和抗弯	抗　　剪
Q235 钢	205	120
Q345 钢	295	170

4.3 荷　　载

4.3.1 基本规定

结构设计中有关荷载的计算全部按照"荷载规范"执行，有关施工的荷载标准值则依据 1992 年《混凝土结构工程施工及验收规范》GB 50204—92 选取。荷载分项系数按照永久荷载和可变荷载分别选用 1.2 和 1.4。

脚手架和模板支撑架有关标准荷载与荷载分项系数列于表 4-2 和表 4-3。

脚手架的标准荷载和分项系数表 表 4-2

序号	荷 载 名 称		标准荷载值	荷载分项系数	备 注
1	架体杆系自重(立杆、横杆、斜杆)		按实际情况计算	1.2	
2	操作层木脚手板		$0.35kN/m^2$	1.2	按操作台平面
3	操作层木挡脚板及栏杆		$0.14kN/m^2$	1.2	按操作台长度计
4	外挂密目安全网		$0.01kN/m^2$	1.2	
5	操作层人员器具及材料	结构	$3.0kN/m^2$	1.4	
		装修	$2.0kN/m^2$	1.4	
6	风荷载		按 $\omega_k=0.7\mu_z\mu_s\omega_0$	1.4	
7	其他				按具体情况定

注：μ_z——风压高度变化系数；

　　μ_s——风荷载体形系数；

　　ω_0——基本风压（kN/m^2）按地区"荷载规范"选用。

模板支撑架的标准荷载和分项系数表 表 4-3

序号	荷 载 名 称		标准荷载值	分项系数	备 注
1	新浇注混凝土及钢筋重量 模板及小楞等的重量		按混凝土体积 $25kN/m^3$	1.2	
2	平面模板(包括小楞)	竹木胶合板模板	$0.30kN/m^2$	1.2	
		定型钢模板	$0.50kN/m^2$	1.2	
	带梁楼板横	竹木胶合板模板	$0.50kN/m^2$	1.2	
		定型钢模板	$0.75kN/m^2$	1.2	
3	施工人员及设备荷载		$1.0kN/m^2$	1.4	
4	浇注混凝土时振动荷载		$1.0kN/m^2$	1.4	
5	风荷载		$\omega_k=0.7\mu_z\mu_s\omega_0$	1.4	同表 4-2

注：模板支撑架的重量当高度大于 10m 时，应予计算。

4.3.2 风荷载的计算

风荷载的计算在结构施工架中是一个新课题，其原因是建筑施工架与通常的建筑结构有很大差异，差异主要表现在它是一个临时结构体；使用情况有两种：一种是杆件直接受风荷载；另一种情况是当全部覆盖密目安全网时，既承载风力，又具有相当的透风性。除此之外作为双排脚手架时架体又附着于支撑结构体上，这就是风荷载计算的特点。

风荷载的计算除了本身的特点之外，应注意它对建筑施工架安全的重要作用，尤其是室外的高型模板支撑架。此问题已被很多研究人员重视，通常将其作为架体高宽比来考虑，也就是架体的整体稳定问题，尤其是一般立杆根部与地面并无锚固连接，当立杆出现拉力时存在倾覆的问题。

对于风荷载的计算，第一个问题就是体形系数问题。在扣件式脚手架规范中提出了表 4.2.4 的体形系数 μ_s，按照该表的概念，体形系数受背靠建筑物影响，还与脚手架的封闭与敞开有关，但是该规定中又没有说明什么情况是封闭的、半封闭的还是敞开的，可以说这是一个不能执行的规定。因而在制订碗扣架规范时将该表略去，直接采用荷载规范的规定。

荷载规范主要是按照建筑结构制订的，因而其体形系数主要针对房屋的情况（两侧为立墙，中间为坡屋顶，有单跨、多跨、高低错落的不同情况，占据该规范的很大篇幅，图形有30~40种之多）。在碗扣架规范中，当架体覆盖密目安全网时采用了独立墙的体型系数1.3，显然是最为保守的选择。当架体无安全网时则按照架体杆件的圆管体型系数1.2，也是最保守的选择。

通常双排脚手架计算时，只计正面风荷载，并由连墙件承受，纵向则不予计算。模板支承架的最通常情况是侧向无连墙件，因而风荷载要由架体自身承担，并通过计算保证其稳定性。风荷载作用在相连的多层架体时，应以单排架为基础，乘以多层架的叠加系数：

$$\mu_s = \mu_{st} \frac{1-\eta^n}{1-\eta}$$

式中　μ_{st}——单排架体体型系数；

　　　n——相连架体的排数；

　　　η——系数，当挡风系数$\varphi_0 \leqslant 0.1$时，取0.97。

4.3.3 脚手架施工荷载标准值的修改意见

目前规范采用的脚手架施工荷载是按照原来杉篙脚手架时代划分的，当时所谓结构架子主要用于砌筑砌体时的脚手架，由于脚手架上堆放砖及灰浆，因而荷载是较大的；而装修架子主要用于抹灰操作，主要荷载是灰浆运输车和灰槽，荷载较小。从目前状况看，结构施工已主要转为模板安装及混凝土浇筑，架子上荷载小得多，除外墙剪力墙结构需放大模板的情况外，结构施工时在很大程度上属于防护架。装修阶段除了抹灰以外，应用较多的是装饰板（或石面板）安装或玻璃幕墙安装，这样实际的施工荷载会有很大变化。建议将双排脚手架划分为砌筑架和混凝土结构施工架、装修架三种，但对饰面板施工及玻璃幕墙施工时的荷载应适当进行统计分析，取得较为可靠的数值。

4.3.4 模板支撑架荷载的补充说明

对模板支撑架上的荷载，在碗扣式脚手架规范中，除了它所支撑的模板、混凝土的荷载之外，增加了"施工人员设备荷载"和"浇筑和振捣混凝土时产生的荷载"，前一项的增加主要针对目前泵送混凝土的"塔架旋转头"（或布料杆）来考虑的，这种装置多由各家自行设计和制造，极不统一，通常约3t重，而底座约5m见方，也就是说大约在1.2kN/m²，这是粗略估算的，各个施工单位应根据本身具体情况予以调整。

除了以上情况之外，对模板支撑架的荷载尚有两种提法，即混凝土振捣时的"横向作用力"和"诱发荷载"。第一种提法在某些地方标准中给予了选用，采用垂直荷载的1%，而且是加大垂直荷载；第二种提法是认为混凝土的振捣"诱发"了一种作用力。这两种提法都表明对混凝土振捣时的横向力有顾虑。笔者认为这种顾虑是多余的，其理由并不充足，意义也不大。第一种提法来源于倒塌事故原因的分析。实际上据笔者分析，倒塌的主因是由于架体达不到几何不变条件。几何可变体系时，只要有少量的横向力即会造成倒塌。所以当满足了几何不变条件时，混凝土浇筑与振捣时的横向力是不会导致架体倒塌的。因为斜杆的存在可以承担这种小的横向力。此外选用垂直荷载的1%加到垂直荷载内，实际也可以说不起什么作用。至于"诱发荷载"这种只能作为某些人的分析意见，如若要达到实用的程度还要作些细致的分析。由什么东西诱发？如何诱发的？如果能证明振捣混凝土时的频率与架体的自振频率一致而导致共振，则这个理由也是可以认同的，否则似乎不够准确。

4.4　建筑施工架的力学分析和结构计算

4.4.1　概述

建筑施工架在确定了结构计算简图之后，就要进行力学分析。第一步将荷载作为作用力作用在架体上，通常由于节点间距不大，不必计算杆件的弯矩，而将荷载化为节点荷载进行计算。第二步是进行力学分析，求得架体杆件的内力；最后按钢结构设计规范计算杆件的承载力，通过这一系列计算来判断架体的安全。应当提请工程师们注意的是，各个专业设计规范（钢结构、木结构等）都只提供最后一步计算，并无内力分析的内容，这是由于结构形式的多样性，无法在规范中说清，只能由结构工程师按具体结构进行分析，因此建筑施工架应按自身的特点进行。力学分析应尽量作到标准化和典型化，以起到指导作用。归纳建筑施工架的情况，可总结出以下几个特点：

（1）建筑施工架（门式架除外）大多数是由直线形钢管连接成横杆与立杆的网格式结构。

（2）施工架的构件具有高度统一化和标准化的特点，譬如管径多数选用 $\phi48$，当然每一种专利钢管会有差别，但在结构体系中，基本上是相同的或统一的。

（3）各种施工架的节点构造虽然不相同，但在节点受力的特点上却是相同的。

除了以上特点之外，施工架的主要两种用途是脚手架和模板支撑架。这两种使用条件差别较大（整体结构的计算简图及荷载都有较大差别）。因而利用其统一的特点，分别按照以上两种用途作内力分析就成为必然的选择。

4.4.2　双排脚手架的用途及主要结构

双排脚手架是紧贴建筑物外的典型实用结构，一般由两排立杆沿建筑物周边搭设，建筑施工中在结构施工阶段主要用于操作人员站立操作与运输通道。此种脚手架发源于砖混结构的施工，因而其结构参数即来源于此。为了满足砌筑工作的需要，两排立杆间横杆上铺设脚手板作为操作平台及运输和堆载砖及砂浆槽。步距采用 0.6m，这是为了适合平均人体高度和砌筑操作的条件，双排立杆间采用 1.2m，以满足双轮车运输砖及砂浆的要求。

随着时代的发展，砌筑结构已逐步减少（但应注意在农村及小城镇仍有广泛应用），代之以钢筋混凝土结构，这种变化使结构施工阶段双排脚手架的应用目的有很大变化。其作用主要是防护架的作用，所承载的建筑材料主要是外墙模或柱模等，因而对"结构架子"这种称呼应给予新的概念，相应的施工荷载也应予以调整。

除了结构施工阶段之外，双排脚手架广泛用于建筑外装修，20 世纪外装修还广泛使用抹灰及喷涂的做法，因而装修架的步距采用 1.8m，这也是工人抹灰操作的基本条件。装修的建筑材料考虑的仍然是灰浆，采用双轮车运输，近年来外装修技术的发展，使得装修架需适应外墙饰面板以及玻璃幕墙的安装，故应适当地调整施工荷载。

4.4.3 双排脚手架的计算简图和机动分析

双排脚手架结构正立面为典型的网格式结构，但是在横剖面方向却只有两排立杆与横杆构成的结构，在其侧旁还与支撑结构相连。正面结构一般可满足结构设计要求，而横剖面的结构却较为复杂，因而选择横剖面的结构绘制结构计算简图。

(1) 架体的正立面通常都设置有连续的剪刀撑（通称十字盖），这是保证架体整体稳定的有利条件，但是应当注意的是十字盖与横立杆的连接，尤其是扣件式脚手架，横、立、斜杆三者不在一个平面里，而扣件只能连接两个杆件，与杉篙脚手架有很大的不同。大多数现场设置十字盖时采用两管顺向搭接，十字盖的交叉点两斜杆相互重叠，但又不能相连，因而建议改变这种做法，斜杆不搭接，只与横（或立）杆相扣接，构成正倒的八字斜杆做法。

(2) "横剖面"为其主要结构计算简图，其主要结构是双排立杆与建筑结构之间拉接形成结构剖面。横断面结构计算简图应注意两点：一是所绘结构简图所反映的是有拉墙件的剖面，而拉墙件并非每根立杆都有，拉墙件是间隔设置的；二是由于两排立杆间通常不能设置斜杆，这时为保持几何不变条件主要依靠拉墙件维持，因而在拉墙件之间的立杆为通立杆（无铰之整杆），中间横杆略去。这时立杆的计算长度就等于拉墙件之间的距离。扣件式脚手架规范并未对此进行说明，应予注意。

4.4.4 双排脚手架作用荷载与承载力计算公式

脚手架的作用荷载比较简单，永久荷载主要是结构自重和脚手板荷载；可变荷载主要是脚手台上的作业荷载（可按架子用途选用施工荷载）和作用在密目安全网上的风荷载。因而双排脚手架的结构计算主要有两个：一是不计风荷载时的承载能力；二是计算在垂直荷载和风荷载共同作用下的承载力。

由于双排脚手架的结构参数（步距、立杆纵距和横距）具有统一性（如纵距不同可选用其纵距最大者计算），杆件的截面积又相同，因而不必逐个杆件进行，只需按照横剖面选择最不利杆件进行强度计算即可。所谓最不利杆件，从结构横剖面看主要是立杆计算长度最长者即是。通常双排脚手架底层的计算长度最长，因而计算主要针对最底端的立杆。

除了垂直荷载之外，当外部挂设密目安全网时，其荷载最终作用在外立杆上，成为均布荷载，对立杆造成弯矩。结合垂直荷载的轴向力按压弯构件进行计算。

(1) 立杆承载力计算公式为

$$N \leqslant \varphi A f \tag{4-1}$$

式中 N ——杆上作用的立轴轴向力（kN）；

$$N = 1.2(N_{G1} + N_{G2}) + 1.4 N_{Q1} \tag{4-2}$$

N_{G1} ——架体结构自重作用轴向力（kN）；

N_{G2} ——脚手板及配件自重作用轴向力（kN）；

N_{Q1} ——施工荷载作用轴向力（kN）；

φ ——轴心受压构件稳定系数，按细长比查稳定系数表；

A ——立杆横断面积（mm²）；

f ——钢材抗压强度设计值（N/mm²）。

（2）立杆风荷载及作用弯矩的计算

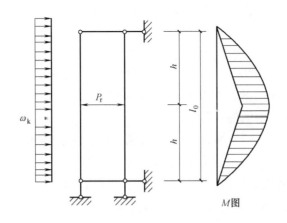

图 4-1　风荷载作用弯矩

　　风荷载作用在密目安全网上，在立杆上产生的弯矩（当连墙件竖向间距为 2 步时）见图 4-1，在风荷载作用下，立杆以连墙件为支点，按简支梁计算，但需考虑中间横杆的作用，使前后立杆共同承受，横杆的支撑力为 P_r，利用内外立杆挠度相同的条件，可以求得横杆内力。作用在后面立杆上的力 P_r 产生的挠度为

$$\Delta = \frac{P_r l_0^3}{48EI}$$

而前立杆均布荷载作用下的挠度为

$$\Delta_1 = \frac{5q l_0^4}{384EI}$$

但前立杆的跨中挠度应减去由 P_r 产生的反挠度 Δ，得

$$\Delta = \Delta_1 - \Delta$$

也即 $\dfrac{P_r l_0^3}{48EI} = \dfrac{5q l_0^4}{384EI} - \dfrac{P_r l_0^3}{48EI}$，化简得

$2 \times \dfrac{P_r l_0^3}{48EI} = \dfrac{5q l_0^4}{384EI}$，最终得

$$P_r = \frac{5}{16} q l \tag{4-3}$$

代入荷载分项系数及风荷载标准值，得

$$P_r = \frac{5}{16} \times 1.4 \omega_k l_a l_0 \tag{4-4}$$

式中　l_a——立杆纵距（风荷载作用宽度，m）；

　　　l_0——立杆计算长度（m）；

　　　ω_k——风荷载标准值（kN/m²）。

风荷载作用下单肢立杆弯矩（kN·m）

$$M_w = 1.4 l_a \times l_0^2 \frac{\omega_k}{8} - P_r \frac{l_0}{4} \tag{4-5}$$

（3）立杆在风荷载共同作用下承载力计算

$$\frac{N_{\mathrm{w}}}{\varphi_{\mathrm{A}}}+0.9\frac{M_{\mathrm{w}}}{W}\leqslant f \tag{4-6}$$

式中，立杆轴向力

$$N_{\mathrm{w}}=1.2(N_{\mathrm{G1}}+N_{\mathrm{G2}})+0.9\times1.4N_{\mathrm{Q1}} \tag{4-7}$$

式中 N_{Q1}——可变荷载（施工荷载）产生的轴向力。

4.4.5 有关长细比限值的规定

钢结构的中心受压杆件其承载能力与杆件截面的惯性半径与长度之比有关，长度与惯性半径之比称之为长细比 λ。理论和试验都已证明它们之间的关系，显然长细比的数值超过一定数值，则杆件将失去其承载能力。长细比的限值一般应在 250 以下，因为当长细比超过此值以后，杆件的制作误差等因素已大大影响到其承载能力，通常认为已不可靠，因而不能作为设计的依据，但是从增加结构可靠性的角度出发，"钢结构设计规范"对于重要的结构构件规定了长细比的限值。作为脚手架的立杆似乎也应给予规定，但是考虑到脚手架是临时性结构应予放宽，否则将会对现在实用的钢管架有很大影响。通过脚手架的结构试验证明，以 $[\lambda]=250$ 作其限值仍然是安全的。

最大长细比限值的规定还应当注意到计算长度确定的方法，因为在"扣件式脚手架规范"中，出现了不同于材料力学欧拉公式的计算长度 $l_0=k\mu h$ 的公式，这个公式既不考虑杆件两端的边界条件，又不考虑架体结构具体情况，以基本长度 h（步距）为基础进行计算，并引入了毫无理论根据的系数 k，因而在考虑长细比限值时显然是不恰当的。

4.4.6 连墙件的计算

连墙件在双排脚手架中的作用异常重要，但是从受力角度却并不复杂，因为它的主要支撑作用是抵抗由风荷载形成的横向水平力，一般只计算连墙件所支撑范围的风力即可，即连墙件的受风面积形成的轴向力。

$$N_{\mathrm{s}}=1.4\omega_{\mathrm{k}}L_1H_1 \tag{4-8}$$

式中 N_{s}——风荷载作用下连墙件轴向力（kN）；

L_1、H_1——分别为连墙件竖向及水平间距（m）。

$$N_{\mathrm{s}}+3\mathrm{kN}\leqslant\varphi A_{\mathrm{c}}f \tag{4-9}$$

式中 φ——连墙件受压时稳定折减系数；

A_{c}——连墙件受压时毛截面积。

4.4.7 地基承载力计算

作为建筑施工架的地基计算通常被纳入建筑结构地基的计算方法，因而认为地基强度是决定其承载力的关键。但是深入思考之后会知道，地基的承载力远远高于架体根部荷载，以最差的天然地基为例，其承载力也能达到 70kPa，也就是说对于临时结构的建筑施工架来说，其荷载远远低于地基承载力，二者不在一个量级上。因而对建筑施工架的地基承载力计算的重点不应放在地基承载力上，而应放在保证地基不下沉的施工措施上。

分析建筑施工架的地基，大体有两种：一种是土壤，另一种是结构层（通常为混凝土结构）。对于上述两种情况首先应当解决的是消除立杆的应力集中作用。钢管直接支撑在土壤上的结果造成沉入土壤的应力集中当然是不能允许的；对于混凝土结构来说钢管直接支撑也会造成混凝土表面局部破坏，尤其在施工过程中混凝土的早期强度较低，并不具有很高的承载力，因而也是不能允许的。建筑施工架的根部要设底座和垫板，底座的作用在于消除应力集中；底座下的垫板用于扩大承载面积，尤其是支承在土壤上的架体。

　　除了根部支垫的构造措施之外，尤需解决土壤地基的下沉问题。土壤地基下沉主要是两个原因：一是遇到回填土，特别是基坑周边处，回填土的质量往往存在问题，夯实不够或回填土块及冻土等，这种情况在很多情况下还是隐蔽的，时常被质量检查所略过。其次是雨水浸泡，虽然是自然因素，但是这种浸泡造成地基的下沉是很危险的，尤其是回填土夯实不足的情况下。当然，施工架坐落在基坑边坡处也是危险的。除此之外，一般垫板应设在较高无积水处，以避免雨水之浸泡，保证施工架不下沉的重要措施还在于基底的施工质量。

4.4.8　模板支撑架的力学分析和强度计算

　　模板支撑架立杆的轴线是按照相互垂直的两个方向排列，从空间上来看属于空间结构，这种多立杆形式可分解为平面问题来解，不计其空间作用，应当是偏于安全的。它的两个方向中的短方向为主结构，而另一方向可不必计算，这样每一片结构就形成了典型的网格式结构。按照网格式结构的组成要求，配备相应的斜杆构成了静定结构体系，见第2章图2-5所示。

　　模板支撑架整体结构内力分析比较简单，由于是静定体系，垂直荷载作用在立杆顶部，因而立杆内力就是其顶部传来的荷载 P；横杆与斜杆的内力皆为零。由于所支承的混凝土结构一般是梁板体系（有主梁、次梁、板等），所以垂直荷载的分布不均，这样每一根立杆上的荷载是不相同的，而且差别很大。主梁下的立杆较板下立杆相差会有好几倍之多，因而在结构平面设计时要精心安排，可将主梁下的立杆间距减小，而板下立杆间距加大。如图4-2所示。

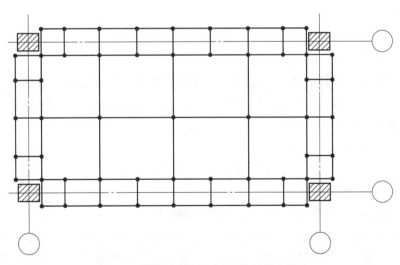

图 4-2　模板支撑架立杆平面布置示意图

　　模板支撑架立杆荷载的差别，除了引起平面布置的差别之外，当然立杆的步距选择也会有调整（因为步距的调整可以改变立杆的计算长度，而增减立杆的承载力）通常选择最不利杆进行承载力计算。最不利杆选择有两要点：一是其上端荷载最大的，显然是最不利杆；二是立杆步距最大的（也就是计算长度最长的）是承载力较差的杆。在以上立杆布局的基础上，确定几根最不利杆进行相应计算和比较即可得出结论，并可设计出最合理和可靠的模板支撑架。模板支撑架的强度计算公式仍为

$$N \leqslant \varphi A f$$

模板支撑架的立杆除底下立杆强度计算之外，顶端悬伸长度的考虑有多种不同的计算方法。在英国规范中将悬伸部分与底下一截立杆长度合并，给出相应的计算长度按 $l_0 = h + 2a$ 计算，此公式实无理论依据。建议按照稳定理论推导的数据，如表 4-4 所示。

悬伸轴心受压构件的计算长度系数 μ 表 4-4

$\alpha = a/l_0$	0	0.1	0.2	0.3	0.4	0.5	0.6	0.7	0.8	0.9	1.0
μ	1.0	1.11	1.24	1.40	1.56	1.74	1.93	2.16	2.31	2.50	2.70

模板支撑架除承载力计算之外，当支撑架的高度较大和架体的高宽比大于 2.0 时，应对其进行倾覆计算。倾覆计算主要是对风荷载，风荷载作用下架体立杆不出现拉力为合格（因为立杆根部不能生根），维持其抗倾覆的力量主要是架体自重及其上部的模板及钢筋荷载。

模板支撑架倾覆计算有两种方式：第一种计算对架体风荷载作用下；进行具体的内力分析，计算每肢立杆的内力（见"碗扣架规范"），与结构自重荷载及模板钢筋重量相比较予以确定。这种方法虽然很细致和具体，但是由于斜杆设置的方法不同，所得结果会有出入。为了简化计算和提高倾覆计算的综合性，可采用第二种方法：假设架体为整体，在风荷载作用下对其造成的倾覆力矩与架体自重及模板钢筋荷载的平衡力矩相比较，确定其稳定性，如第 3 章图 3-1 所示，单片架体所承受的均布风荷载为 ω；架体自重及钢筋模板重量可按均布荷载 P 计算。此时倾覆力矩：

$$M_w = \omega \cdot H^2/2 \tag{4-10}$$

平衡力矩：

$$M_p = P \cdot L^2/2; \tag{4-11}$$

当 $M_w < M_p$ 时为合格。

此公式的算法计算较为简单，而且可以应付架体斜杆设置的影响因素，似乎更为合理，此外该公式中不再设置安全系数的原因是由于按目前计算所采用的风荷载值偏大，故不再额外提高其抗倾覆的安全度。

4.5 脚手架计算实例

4.5.1 实例一：层高小于 3.9m 的双排外脚手架

双排外脚手架是使用最普遍的脚手架，大多数用于结构施工阶段作为防护架，装修阶段作为装修架。这种脚手架的构造比较简单，双排立杆外部靠连墙件与建筑物拉接和支撑，外表面通常布置"十字盖"成为斜杆支撑体系（建议此十字撑结构改为八字斜撑，保证斜杆与立杆的连接，不存在"空扣"），而双排立杆之间为保证通行一般不设斜杆。当层高小于 3.9m 时，拉墙件的间距使立杆的长细比≤250，无需采取设置廊道斜杆等措施。

北京地区某建筑高度 30m 搭设双排外脚手架，标准层高度为 3.6m，步距选用 1.8m，排距 1.2m，立杆纵距 1.5m。采用碗扣式脚手架搭设 17 步超出高度约 0.6m。铺设两层脚手板，一层施工作业。结构计算简图见图 4-3。

4.5.1.1 单肢立杆轴向力计算

（1）根部立杆上架体自重计算

杆件重量可查本书附录 4。

立杆自重：$Ht_1 = 30m \times 164.8N/3m = 1648.00N$

小横杆：$[(H+0.6)/h+1]t_2/2 = [(30.6/1.8+1)] 47.8/2 = 430.2N$

大横杆：$[(H+0.6)/h+1]t_3 = 18 \times 59.3 = 1067.4N$

通高斜杆：$\dfrac{30.6}{1.8} \times 93/2 = 790.5N$

水平斜杆：（自上往下 24m 以下每 3.6m 一道加顶层共三道）

$(1.95 \times 38.4/2 + 14.6) \times 3 = 156.12N$

合计：$1648 + 430.2 + 1067.4 + 790.5 + 156.12 = 4092.22N$

（2）脚手板及配件重量

脚手板：$2 \times 1.2m \times 1.5m \times 350N/m^2 \div 2 = 630N$

扶手及挡脚板：$1.5m \times 0.14kN/m \times 2 = 420N$

密目安全网：$10N/m^2 \times 1.5m \times 30m = 450N$

合计：$630N + 420N + 450N = 1500N$

（3）施工荷载

$N_{Q1} = 1.2 \times 1.5m \times 2000N/m^2 \div 2 = 1800N$

（4）单肢轴向力

$N_0 = 1.2(4092 + 1500) + 1.4 \times 1800 = 9230N$

4.5.1.2 风荷载计算

查《建筑结构荷载规范》（GB 50009—2001）表 7.3.1 第 33 项"独立墙壁及围墙"，可知 $\mu_s = 1.3$。

$\omega_k = 0.7\mu_z \cdot \mu_s \cdot \omega_0 = 0.7 \times 0.62 \times 1.3 \times 0.4kN/m^2 = 0.2257kN/m^2$

4.5.1.3 单肢承载力计算：

（1）立杆计算长度为 $2 \times 1.8m = 3.6m$

长细比 $\lambda = l_0/i = 360/1.58 = 227.8$

稳定折减系数（查表）$\varphi = 0.14$。

单肢承载力 $N = \varphi A f = 0.14 \times 489 \times 205 = 14034.3N > N_0$（合格）

（2）风荷载弯矩

密目安全网挡风系数 $\varphi = 0.8$，体型系数 1.3。

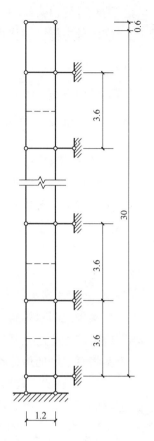

图 4-3　30m 双排架计算简图

风荷载计算值为 $\omega_k=0.7\times0.62\times1.3\times0.8\times0.4=0.1805kN/m^2$

考虑内外主杆同时作用，跨中横杆支撑力

$$P_r=\frac{5}{16}\times1.4\omega_k l_a l_0=\frac{5}{16}\times1.4\times0.1805\times1.5\times3.6=0.426kN$$

前立杆内弯矩

$$M_0=1.4l_0{}^2\times l_a\frac{\omega_k}{8}-P_r\frac{l_0}{4}=1.4\times3.6^2\times1.5\times\frac{0.1805}{8}-0.426\times\frac{3.6}{4}$$

$$=0.2306kN\cdot m$$

（3）立杆压弯承载力验算

考虑荷载组合系数 0.9，$N_w=0.9N$；抗弯矩 W 由本书附录二附表 2-1 查得。

$$\frac{N_w}{\varphi A}+0.9\frac{M_w}{W}=\frac{9.23\times0.9}{0.14\times489}+0.9\times\frac{230.6}{5080}=0.121+0.0408kN/mm^2=161.8kN/mm^2<205N/mm^2$$

（合格）。

4.5.1.4 计算实例分析

计算实例说明双排脚手架搭设 30m 高承载力尚有相当余量，同时应当注意的是影响其承载能力的主要是立杆的计算长度。上述计算结果可作为读者参考之用，对于选择初步设计方案将有很好的借鉴作用。

4.5.2 实例二：首层高度小于 4.2m 时的双排外脚手架

通常的写字楼工程底层的层高都会大于 3.9m，因而首层双排外脚手架的立杆长细比会大于 250 的限值。因而必须采取措施克服这一难题，当首层高度不超过 4.2m 时可以采用前述的考虑立杆连续性的方法予以解决，以下为工程计算实例。

北京地区某建筑 36m，其标准层层高为 3.6m，但首层高度为 4.2m，采用碗扣式脚手架搭设。步距选用 1.8m，排距 1.2m，纵距 1.5m。结构施工阶段，施工作业层铺两层脚手板，装修阶段采用一层作业。计算简图见图 4-4。

计算分两步进行：第一步计算标高 4.2m 处上部立杆承载力；第二步按照考虑立杆连续性的公式计算 4.2m 段立杆的承载力。

4.5.2.1 单肢立杆轴向力计算（标高 4.2m 处）

（1）架体自重

立杆自重：$Ht_1=(36-4.2)\times164.8/3=1746.9N$

小横杆：$(H/h+1)t_2/2=(31.8/1.8+1)\times47.8/2=446.1N$

大横杆：$(H/h+1)t_3=(31.8/1.8+1)\times59.3=1109N$

通高斜杆：$\frac{31.8}{1.8}\times93/2=821.5N$

水平斜杆：$[(36-24)\div3.6]\times(1.95\times38.4/2+14.6)=173.47N$

合计：4297N

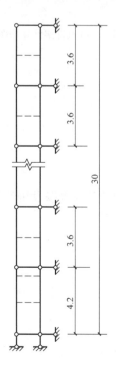

图 4-4 底层 4.2m 的
双排脚手架

(2) 脚手板及配件重量

脚手板：$2 \times 1.2 \times 1.5 \times 350 \div 2 = 630N$

扶手及踢脚板：$1.5 \times 0.14 \times 2 = 0.42kN = 420N$

密目安全网：$10 \times 1.5 \times 31.8 = 477N$

合计：1527N

(3) 施工荷载

结构施工阶段只作防护架，装修阶段为 $2kN/m^2$

$N_{Q1} = 1.2 \times 1.5 \times 2000N = 3600N$

(4) 单肢轴向力

$N_0 = 1.2 \times (4297 + 1527) + 1.4 \times 3600 = 12028.8N$

4.5.2.2 风荷载标准值

$\omega_k = 0.7 \times 0.62 \times 1.3 \times 0.4kN/m^2 = 0.2257kN/m^2$

4.5.2.3 单肢承载力计算

(1) 长细比 $\lambda = l_0/i = 2 \times 180/1.58 = 227.8$，$\varphi = 0.14$，

单肢承载力 $N = \varphi A f = 0.14 \times 489 \times 205 = 14034N > N_0$（合格）

(2) 风荷载弯矩

$\omega_k = 0.1805kN/m^2$

横杆支撑力：$P_r = 0.426kN$

前立杆弯矩：$M = 0.2306kN \cdot m$

(3) 立杆压弯强度验算

$$\frac{N_w}{\varphi A} + 0.9\frac{M_w}{W} = \frac{12028.8 \times 0.9}{0.14 \times 489} + 0.9 \times \frac{230.6 \times 10^3}{5080} = 158.13 + 40.85 = 198.98 < 205（合格）。$$

4.5.2.4 实例结果的分析

以上计算在标高 4.2m 处脚手架承载能力合格，对于最下面一段 4.2m 原本其长细比已超过限值。但如考虑到立杆的连续性，则该立杆的计算长度可按公式缩短，其折算计算长度 $l_0 = 0.84 \times 4.20 = 3.528m$，此时再折算其长细比 $\lambda = 352.8/1.58 = 223.3$，$\varphi = 0.146$。

(1) 立杆承载能力 $N = \varphi A f = 0.146 \times 489 \times 205 = 14635.8N > N_0$（合格）。

(2) 忽略最下段架自重，立杆受弯，本实例中间有 2 根连接横杆近似按中间 1 根横杆计算，但跨度应改为 4.2m。

横杆支撑力：$P_r = \frac{5}{16} \times 1.4 \times \omega_k l_a l_0 = \frac{5}{16} \times 1.4 \times 0.1805 \times 1.5 \times 4.2 = 0.4975kN$，

立杆弯矩：$M_w = 1.4 l_a \cdot l_0^2 \frac{\omega_k}{8} - P_r \frac{l_0}{4} = 1.4 \times 1.5 \times 4.2^2 \times \frac{0.1805}{8} - 0.4975 \times \frac{4.2}{4}$

$\qquad = 0.3134kN \cdot m$

立杆压弯强度：$\frac{N_w}{\varphi A} + 0.9\frac{M_w}{W} = \frac{12028.8 \times 0.9}{0.146 \times 489} + 0.9 \times \frac{313.4 \times 10^3}{5080}$

$= 151.64 + 55.52 = 207.16 > 205$（略微超载，但超载 1.1%，在 5% 以下，可认为合格）。

(3) 以上计算实例有相当的实用价值，一是可以作为读者在工程实际中套用相应的数

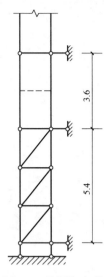

图 4-5 首层架廊道
斜杆双排架

据解决本身的实际问题；二是计算中的数据可用来判断和处理现场问题时参考，例如轴向力应力和弯矩应力所占的百分比，可用来对照实际工程找出解决问题的措施。这一点是很重要的，只有细致的数学分析才能找出问题的所在。

4.5.3 实例三：采用廊道斜杆的双排脚手架

当底层结构层高＞4.2m 时，双排脚手架采用加廊道斜杆的办法解决长细比超过限值的问题。现以某工程为例，说明其计算过程（图 4-5）。

北京地区某写字楼工程，总高度为 41.4m，上部标准层高度为 3.6m，首层建筑层高为 5.4m。由于脚手架拉墙件一般只适于楼板标高处，因而首层拉墙件应在 5.4m 处，而立杆的计算长度 5.4m 已大大超出最大长细比的要求，此时只能在双立杆之间增设斜杆，使下端构成三角形体系，以缩短立杆的计算长度。好在通常首层脚手架没有"通过性"的要求，因而还是可行的。

本工程仍采用碗扣式钢管架，步距 1.8m，排距 1.2m，纵距 1.5m。脚手板两层；作业层一层，结构施工时荷载为 3kN/m²；装修阶段为 2kN/m²。

计算分两步进行：第一步计算 5.4m 处的承载力；第二步计算底段（0~5.4m 范围）的承载力。

4.5.3.1 单肢立杆轴向力（标高 5.4m 处）

（1）架体自重

$H=41.4-5.4=36m$

立杆：$Ht_1=36\times164.8/3=1977.6N$

小横杆：$(H/h+1)\,t_2/2=(36/1.8+1)\times47.8/2=501.9N$

大横杆：$(H/h+1)t_3=(36/1.8+1)\times59.3=1245.3N$

通高斜杆：$(36/1.8)\times93/2=930N$

水平斜杆：$[(41.4-24)\div3.6]\times(1.95\times38.4/2+14.6)=252N$

合计：4907N

（2）脚手板及配件：

脚手板：$2\times1.2\times1.5\times350\div2=630N$

扶手及踢脚板：$1.5\times0.14\times2=0.42kN=420N$

密目安全网：$10\times1.5\times36=540N$

合计：1590N

（3）施工荷载：结构工程阶段只作防护架因而不作结构计算，按装修阶段施工荷载 2kN/m² 计。

$N_{Q1}=1.2\times1.5\times2000N\div2=1800N$

（4）单肢轴向力：$N_0=1.2\times(4907+1590)+1.4\times1800=10316N$

4.5.3.2 风荷载标准值

$\omega_k=0.2257kN/m²$（此为实例一的计算结果）

4.5.3.3 单肢承载力计算

（1）$N=\varphi Af=0.14\times489\times205=14034N＞N_0$（合格）

（2）风荷载弯矩：

M_w＝0.2306kN·m（此为实例一的计算结果）

（3）立杆压弯强度计算

$$\frac{N_w}{\varphi A}+0.9\frac{M_w}{W}=\frac{10316\times0.9}{0.14\times489}+0.9\times\frac{230.6\times10^3}{5080}=135.62+40.85=176.47<205（合格）。$$

4.5.3.4　首层立杆强度计算

首层立杆增加了廊道斜杆之后构成了桁架（格构体系），因而其压杆计算长度改成了步距 h（1.8m），长细比 λ 缩小了 2/3，其压杆折减系数 φ 则成倍增加，承载力会大大提高，因而不成问题。

第二个问题就是风荷载弯矩的数值也由简支梁改变为桁架，变成了立杆轴向力，其数值也很小，至于两节点间的弯矩，由于跨度缩减为 h，也很小，可判断其压弯强度都比 5.4m 标高处小，因而无问题。

4.5.4　脚手架搭设高度的计算公式

"碗扣架规范"给出了双排脚手架搭设高度的计算公式。

4.5.4.1　不计风载时

$$H\leqslant\frac{\left[\varphi Af-(1.2N_{G2}+1.4N_{Q1})\right]h}{1.2N_{gl}} \tag{4-12}$$

式中　N_{gl}——每步脚手架自重（N）；

　φ、A、f——立杆稳定折减系数、截面积和抗压强度；

　N_{G2}——永久荷载轴向值（kN）；

　N_{Q1}——可变荷载轴向值（kN）；

　　h——架体步距（m）。

4.5.4.2　组合风荷载时

$$H\leqslant\frac{\left[N_w-(1.2N_{G2}+0.9\times1.4N_{Q1})\right]h}{1.2N_{gl}} \tag{4-13}$$

式中　N_w——有风荷载时，立杆轴向力总和；

　N_{gl}——每步脚手架自重（N）。

4.5.4.3　说明

以上脚手架允许搭设高度的计算公式实际上是前面公式的汇总形式，是完全以结构计算为基础的公式，在设计之初即可用它判断设计方案的可行性，当然上述公式所依据的是碗扣架构配件重量，如用于扣件式脚手架，只要变换一下钢管和扣件的重量同样是可以应用的。

该规范所提供的公式与"扣件式脚手架规范"提供的搭设高度以及相应的表格是有原则性不同的。前者是完全以理论计算为依据（这是我国结构设计的主要方法），并有结构试验予以辅助证明的；后者的依据多为经验数据，并无力学计算依据，而且给出的范围极窄，也不能反映各个结构参数的影响。

4.6　模板支撑架计算实例

4.6.1　模板支撑架的结构特点与计算

模板支撑架虽然与脚手架采用同样的"架体"，但是由于其应用条件不同，因而与脚手架的结构计算会有很大的差异，其主要特点表现在以下几个方面：

（1）立杆平面布置呈双向（不是只有两排）；

（2）架子整体必须要有"自立性"（不能依靠或附着于其他结构）；

（3）立杆的计算长度完全按照整体结构的构造，完全由设计者来确定（与附着结构的拉墙点无关）；

（4）荷载作用在顶端。

由于上述特点，模板支撑架的设计和计算的着重点：一是整体结构的几何不变性成为重要条件；二是模板支撑架的荷载大，立杆计算长度为步距，因而斜杆与横立杆的连接应个个牢固，不得有虚扣（或空扣）；三是其结构计算除承载力之外尚应计算在风荷载作用下的倾覆安全性，保证立杆内不出现拉力。

承载能力中的单肢立杆轴向力的计算按以下公式

$$N = 1.2(Q_1 + Q_2) + 1.4(Q_3 + Q_4)L_x L_y \tag{4-14}$$

式中　Q_1——模板及支撑架自重标准值产生；

$\quad\quad Q_2$——新浇筑混凝土自重（包括钢筋）标准值产生；

$\quad\quad Q_3$——施工人员及设备标准值；

$\quad\quad Q_4$——浇筑和振捣混凝土时，荷载标准值；

L_x、L_y——单肢立杆纵横向间距。

轴向力应满足：
$$N \leqslant \varphi A f \tag{4-15}$$

模板支撑架的抗倾覆验算可采用"碗扣架规范"中杆件内力分析的方法，也可以采用整体平衡的方法。风荷载作用的倾覆力矩小于架体自重与上部模板钢筋重量抗倾覆力矩的方法见式（4-10）和式（4-11）。

4.6.2　模板支撑架承载力计算实例

模板支撑架所支撑的楼板通常由主、次梁与板组成，这样在其下部支撑结构的荷载是不均匀的，不宜采用平均值的办法来计算荷载，而应采用调整立杆间距的办法，在荷载较大的主梁下采用较小的间距，而板下部荷载较小则采用较大间距，然后选择荷载较大者为"最不利杆"进行计算，以保证整体结构都有足够的承载力。图4-6为立杆平面布置示意图。

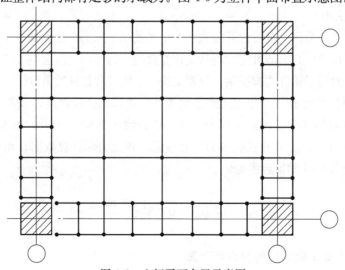

图 4-6　立杆平面布置示意图

现以某高架桥梁板体系的模板支撑为例,其横剖面如图 4-7 所示。

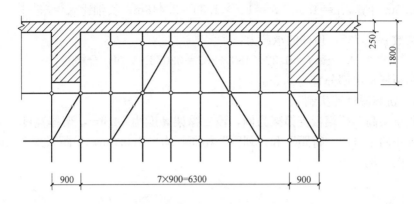

图 4-7 模板支撑架计算实例(剖面)

图 4-7 所示的结构计算简图上端杆下为铰,实际上在该节点处立杆应是连续的(如右端梁下立杆的构造,即立杆两侧与横杆铰接连接),主要用于下部结构计算,支架下端按几何不变条件设置斜杆。

从上述剖面可以看出最不利杆是主梁下的两根立杆,通常模板支撑架荷载较大,相对的架体自重可以忽略。

4.6.2.1 大梁下单肢立杆计算

(1)模板自重标准值(按碗扣架规范中的竹木胶合板模板计算):

$Q_1 = [0.9 + (1.8 - 0.25)] \times 0.9 \times 0.30 \text{kN/m}^2 = 0.662 \text{kN}$

(2)新浇混凝土自重(包括钢筋)标准值

$Q_2 = (1.8 \times 0.45 + 0.25 \times 0.45) \times 0.9 \times 25 \text{kN/m}^3 = 20.76 \text{kN}$

(3)施工人员及设备荷载标准值

$Q_3 = 0.9 \times 0.9 \times 1 \text{kN/m}^2 = 0.81 \text{kN}$

(4)浇筑和振捣混凝土时产生的荷载标准值

$Q_4 = 0.9 \times 0.9 \times 1 \text{kN/m}^2 = 0.81 \text{kN}$

合计的单肢立杆轴向力:

$N_0 = 1.2(Q_1 + Q_2) + 1.4(Q_3 + Q_4)$

$\quad = 1.2(0.662 + 20.76) + 1.4(0.81 + 0.81) = 27.974 \text{kN}$

单肢立杆承载力:立杆计算长度 $l_0 = 1.8 \text{m}$,$\lambda = 180/1.58 = 114$,折减系数 $\varphi = 0.489$,$N = \varphi A f = 0.489 \times 489 \times 205 = 49019.80 \text{N} > N_0(27974 \text{N})$,合格。

4.6.2.2 对顶杆悬长的验算

顶杆悬出部分的验算可按 4.5.3 节中的表 4-4 进行,碗扣式脚手架规范规定悬出长度不得大于 0.7m,按表 4-4,$a/l_0 = 0.7/1.8 = 0.39$,立杆的计算长度系数 $\mu = 1.544$,$l_0 = 1.8 \times 1.544 = 2.779 \text{m}$,长细比 $\lambda = 277.9/1.58 = 175.9$,折减系数 $\varphi = 0.23$,顶杆的承载力:

$N = \varphi A f = 0.23 \times 489 \times 205 = 23056 \text{N} < N_0 (27974)$(不合格)。

因而主梁下的悬出长度应小于0.7m，

如按0.5m计算，$\mu=1.36$，$l_0=1.8\times1.36=2.448m$，长细比入$=\dfrac{244.8}{1.58}=154.9$，

折减系数$\varphi=0.32$，顶杆的承载力：
$$N=\varphi A f=0.32\times489\times205=32078N>N_0（合格）。$$
故本例顶杆悬出部分宜为0.5m。

4.6.3　抗倾覆计算实例

现以北京某高架桥模板支撑架为例，该支撑架高度为14.4m，架体宽度为7.2m。立杆平面布置中两个方向"行距"和"列距"相同，均采用0.9m，步距采用1.2m。其平面及剖面图见图4-8。

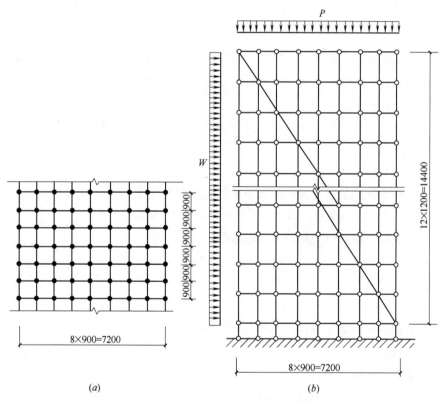

图4-8　模板支撑架抗倾覆结构计算图

(a) 立杆平面图；(b) 结构计算简图

4.6.3.1　风荷载计算

(1) 根据荷载规范查出北京地区基本风压，$\omega_0=0.40kN/m^2$，然后算出风荷载标准值（高度20m时，地面粗糙度D类，高度改正系数$\mu_z=0.62$。钢管体型系数$\mu_s=1.2$，单排架体型系数$\mu_{st}=1.2\varphi_0$）；
$$\omega_k=0.7\mu_z\mu_{st}\omega_0=0.7\times0.62\times1.2\times0.40=0.208kN/m^2$$

(2) 单排架（无遮挡时）的挡风系数
$$\varphi_0=A_1/A_0=0.048\times(1.2+0.9)/(0.9\times1.2)=0.093$$

(3) 9层排架的叠加挡风系数

$$\mu_s = \mu_{st} \frac{1-\eta^n}{1-\eta} = 1.2 \times 0.093 \times \frac{1-0.97^9}{1-0.97} = 0.896$$

（4）乘以风荷载标准值后的综合风荷载标准值为

$$\overline{\omega_k} = \mu_s \times \omega_k = 0.896 \times 0.208 \text{kN/m}^2 = 0.1864 \text{kN/m}^2$$

4.6.3.2 垂直荷载计算（按单肢立杆计算）

（1）架体自重：$P_1 = Ht_1 + 2t_2 \times H/h + 2t_4 = 14.4 \times 164.8/3 + 2 \times 3.63 \times \dfrac{14.4}{1.2}$

$$+ 2 \times 5.89 = 791.04 + 87.12 + 11.78 = 889.94\text{N}$$

（2）模板重量（胶合板模板）

$$P_2 = 750 \text{kN/m}^2$$

（3）模板上钢筋重量

$$P_3 = 500 \text{kN/m}^2$$

（4）合计均布荷载

$$P = [P_1/(0.9 \times 0.9) + P_2 + P_3] \times 0.9 = (1098.69 + 750 + 500) \times 0.9$$

$$= 2113.8 \text{N/m}^2$$

4.6.3.3 倾覆安全度计算

（1）倾覆力矩（取 1m 宽度计算）：

$$M_w = \omega H^2/2 = 1.4 \times 0.1548 \times 14.4^2/2 = 22.47 \text{kN} \cdot \text{m}$$

（2）稳定力矩

$$M_p = pl^2/2 = 2.1138 \text{kN/m}^2 \times 7.2^2/2 = 54.79 \text{kN} \cdot \text{m}, \quad M_p > M_w \text{（合格）}$$

4.7 计算实例的应用

本书对双排脚手架和模板支撑架的最典型的通用架体进行了计算，其目的在于通过这些实例了解和掌握脚手架和模板支撑架的计算方法并应用到实际工作中去。

实例计算可以给读者提供以下信息：

（1）脚手架及支撑架架体构成的几何参数和基础数据。实际应用中超过实例中参数的情况是不太可能的。这就给结构构造参数提供了参考依据，并不必提出很多规定条文（如步距、立杆间距以及斜杆设置方法等）。

（2）结构计算中的数值可供读者参考，作为结构设计方案的依据，以自己的实际工程与之对比，即可得到趋近实际的确定值，如实例中的单肢立杆承载力，是在该实例中计算长度的条件下得到的。如加长计算长度显然承载力会减低，反之承载力会加大，这对于判断初步设计方案具有很大帮助。

（3）当然也可直接套用实例中的计算过程，代换工程实际的参数，即可很容易地得到结果。

（4）实例计算的数据还可作为鉴定和审查方案的参考依据，并对现场的实际问题提出处理措施。

总之，计算实例是掌握脚手架及支撑架基本理论的钥匙，细致地阅读该部分除能解决实际工程设计问题之外，还提供了进一步加深控制建筑施工架安全的能力，因而应当说是极为重要的。

5 建筑施工架的结构试验

5.1 概　述

建筑施工架安全使用的基本条件是其结构承载力是否在极限状态之内。因而按照建筑结构的基本原理，建筑施工架应当采用结构计算的方法予以解决。但是结构计算是在一定的理论基本假设条件下进行的，实际应用情况与理论计算会有差别，故除了计算之外，还应当用结构试验的方法验证才能达到可靠性。近年来由于建筑施工架倒塌事故的频繁发生，引起了本专业专家们的广泛注意，也引起了建设部门领导的重视。但是由于近年来理论计算没有得到充分的研究和归纳出可靠的计算方法，于是强调结构试验的呼声高涨。近年来，建筑施工架的结构试验也形成了一股热潮，但是对结构试验的结果经过细致分析和考察后，可以看出试验成果取得的效果极微，多数试验结果未能达到验证计算结果的目标，这说明结构试验存在着很大的盲目性，每个人按照自己的想法来进行，忽略了试验的理论依据，举例来说有的试验者认为架体倒塌多发生在混凝土"浇筑"之时，因而倒塌是因混凝土"浇筑"引起的，因而在混凝土浇筑过程中对架体进行了应力测试，显然由于出发点的问题，这种测试不会达到合理的结果，而且这个试验结果也算不上是"结构试验"。还有的对架体取一段（一步架）进行结构试验，这种试验实际上相当对单立杆进行荷载试验，而且对此一段结构还不用一般的结构计算，而把它纳入软件进行计算（有限元法），结果仍然只能得到概括性的定性分析，无助于结构计算方法的验证，还有的企业采用了旧碗扣架进行结构试验，既不确定结构的整体设计方法，又不确定结构计算方法，目的只是证明旧的碗扣式脚手架也有一定的承载力，证明该企业的碗扣架是"安全可靠"的，实际上架体倒塌的原因极多，绝不是通过一个试验就能解决的。

有的人还试图采用试验方法来找出承载力的规律，但所需费用是巨大的，据说2000万的试验费都不够用。

基于以上情况，这种结构试验的混乱局面是亟待整顿的，以免大量浪费试验的资金。

产生这种情况的主要原因有两个：

一是多年来结构专业大学课程中"结构试验"这门课已取消，造成了这方面的工程师缺乏相应的知识。

二是建筑施工架生产企业的人员对结构缺乏知识，又没有深入分析和观察，并不知道造成架体倒塌的原因与结构构造和结构计算的关系，并认为试验是很简单的事情。实际上这是一个复杂和细致的工作，并应掌握足够的理论知识才可能解决。

除以上原因之外，我国建筑科研机构名存实亡，像脚手架这样重要的关系国计民生的重大科研项目已由国家主导转入企业为主，于是将结构试验的研究纳入企业的技术专利范围，因此研究成果多数并不发表于科技杂志，不能得到广泛深入的应用，经验也得不到发挥，教训也无法吸取，置结构试验于自发自流状态。

5.2 结构试验研究的基本原则和主要测定数据

5.2.1 结构试验和结构的力学计算

建筑结构的发展自始至终没有脱离力学计算这一根本手段，这是由结构的尺寸庞大，荷载巨大所决定的。也就是说巨大的结构设计只能依靠理论计算来解决问题，而不能完全靠试验来进行设计，但是任何科学都必须紧密联系实际，理论计算必须通过试验来验证其正确性。因而结构试验就成为验证计算理论的科学方法。结构试验必须紧密联系力学计算是其"基本原则"，任何脱离这一原则的结构试验都将成为无用劳动。总的来说，目前我国如火如荼的结构试验研究正走入误区，由于试验之初并没有确定要解决什么问题，当然也不可能得到预期的结果。建筑施工架的结构试验本应建立在一个力学计算方法的基础上，然后通过结构试验验证这种方法是否正确。在没有力学计算方法的情况下盲目试验，当然不能找出科学的结果。以"节点半刚性"假设为例，目前其计算方法仍处于研究和探讨阶段，基本概念不清，如何来做结构试验？

现代结构的发展自始至终是将结构试验与力学计算紧密相连的。从材料力学的胡克定律（这是弹性体力学的基础）发展到梁的应力计算，以及中心受压杆欧拉公式都是将理论计算与"试验"相互联系的，这是形成建筑结构"独立构件"计算方法的基本依据。以此为依据对整体结构，如桁架乃至楼体、框架等，都是在"力学计算"方法的基础上开展结构试验的，因而建筑施工架的结构试验研究也应当沿着这条路线进行。

5.2.2 结构试验测定的主要数据

在了解了结构试验的目的之后，要讨论的主题就是结构试验如何利用现有的设备进行，试验所要测定的是哪些数据？此问题仍然要依据力学计算的规则来进行，从目前来看结构计算主要的理论基础是弹性体力学，也就是结构材料是服从胡克定律的弹性体。通常所要测定的是作用在结构上的"力"和结构的"变形"，当然变形的测量法有两种：第一种是结构的位移；第二种是结构体的"应变"。第二种测量的主要依据是应力与应变成正比的规律。通常的办法是在结构体上加"力"或荷载，通过力的变化测量结构体的变形（位移或应变）的变化，看其变化与力学计算的结果是否一致，用来判断力学计算的正确性。此外对"力"的测定可以直接判断承载力是否达到计算所得结果。

近年来许多结构试验没能按上述要求进行，往往只能得到一些"定性"的结论，而得不到"定量"的结果，因而无法与力学计算相对照，这一点应当给予特别的注意。

5.2.3 建筑施工架结构试验的分类

近年来建筑施工架结构试验的称谓过于笼统，只要是对架体的主体、零件、节点的力学试验都称之为"结构试验"。对之进行细致的探讨就会发现其差别很大，譬如对一个独立杆件或一个节点所进行的试验实际上够不上"结构试验"的水平，只能称之为材料力学试验或节点试验，因而建议将此二者区分开来。尤其是结构试验应当是由多个杆件连接的整体才构成结构试验。对于独立杆件（如梁、柱等）和节点，材料力学已给出明确的解答，没有必要再做试验。

由多个构件组成的结构体，由于力学计算上必须作出一些假设，如节点的刚接与铰接等，因而需对所提供的计算方法通过试验予以验证，而且这种验证中必然会有"误差"（这种误差不是试验的误差，而是理论假设条件与实际结构的差别引起的）。

通过以上的分类，对建筑施工架的结构试验就会概念更清晰、目标更明确，有助于试验结果的分析和应用。

5.3 碗扣式钢管架的荷载试验

2007 年在"碗扣架安全技术规范"编制组的领导下，依据规范审定过程中专家组所提供的意见，在清华大学结构试验室做了一个碗扣架的结构试验，这个试验是在规范主要内容已经过专家审议后所做的，并且较为充分地参考了全国有关资料，因而应当说是排除了结构试验的混乱思想的干扰，取得了好的效果，现将这一结果介绍给大家，以供参考。

5.3.1 碗扣架结构试验的理论依据

碗扣架规范的草案的编制一直以结构计算为主要内容，注意分析了具有重大影响的"扣件式钢管架规范"中的不足之处。其中主要问题是：

（1）整个规范没有涉及脚手架的"整体结构"，所提供的计算公式只是针对脚手架独立构件（如立杆、横杆等）。而整体结构却是结构计算的基础，没有整体结构最后就不能正确确定立杆的计算长度，因而无法正确指导计算。

（2）缺乏整体结构的内容，忽略了架体几何不变性的条件。这是目前脚手架频繁倒塌的最主要原因，也是保证结构能承受荷载的基础条件。

（3）采用了错误的计算长度公式 $l_0 = k\mu h$，此公式的错误在于违背了已经被大量工程实践所证明了的欧拉公式计算长度的确定方法。在此公式中增加了无理论依据的系数 k；将 μ 的数值改为与连墙件布置无关。将 μ 值按照立杆横距等参数查表。这个 μ 值的确定只能限于表列范围，说明该 μ 值并非理论分析的结果；此外计算长度基本值 h 就是步距，这也是不正确的。因为立杆的基础计算长度要依据其整体构造与斜杆的布置，双排脚手架还要考虑连墙件的侧向支承，遗憾的是该谬误影响深远，影响了正确计算方法的实施。

碗扣式钢管架结构试验的计算理论采用了铰接计算法，也就是假设杆件的连接点为"铰"对结构进行计算；对结构构成的要求是满足几何不变条件（斜杆与横杆构成三角形体系）。

试验的目的一是检验铰接计算所得到的承载力与试验结果是否一致，二是测定架体的整体变形（压杆挠曲变形）与理论计算是否一致，最终为"规范"的内容提供试验依据。

5.3.2 整体结构试验的目的

碗扣架采用整体架进行试验，目的在于证实所采用的铰接计算法的正确性，解决脚手架及模板支撑架的安全使用问题。根据多年来各种钢管脚手架的使用情况来看，既有成功的经验，也有倒塌事故的教训。因而不能笼统地说哪一种架子是安全的，哪一种架子是不安全的。很重要的是所制定的方案是否正确合理，脚手架的安全问题主要源于整体结构的"构成"，因而讨论其安全应主要着眼于"整体结构"，故碗扣架的结构试验采用了整体结构试验。试验架采用了 6 跨、5 步的双排脚手架，其结构计算简图见图 5-1。

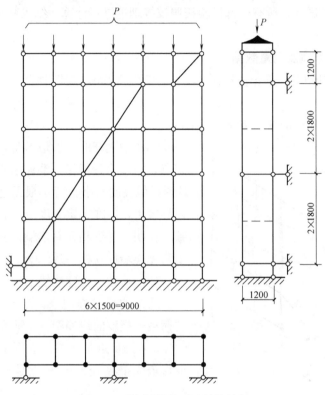

图 5-1　碗扣架结构试验结构简图

　　虽然采用双排脚手架架体进行试验的目的在于验证"铰接计算法"基本理论的正确性，但该试验不仅能证明双排脚手架，还能证明模板支撑架的问题。只不过模板支撑架较双排脚手架简单，影响因素少而已。实际上双排脚手架与模板支撑架的计算原理完全相同。结构试验与力学计算之间的关系由此可见一斑。只有对结构试验有深刻的理解，方能达到正确运用结构试验服务于脚手架安全的目的。

　　试验架采用了最典型的双排脚手架，构造参数：步距 1.8m，立杆纵距 1.5m，排距 1.2m。双排脚手架的荷载虽然主要作用在脚手板上，但是通过横杆最终作用在立杆上，因而立杆是试验的主体，而只要将所试验的架体视为双排架的底端，就可以完全反映其承载能力。

　　通过结构试验主要要验证以下几点：

　　（1）双排脚手架的承载能力主要取决于立杆的承载力（按照几何不变条件组成的架体按节点间立杆的长度计算）；双排脚手架立杆的计算长度与连墙件的间距有关，连墙件间双排立杆无斜杆连接时与有廊道斜杆时并不相同。

　　（2）由于立杆在节点处铰接，因而整体立杆呈波形变形（欧拉杆的正弦波）这是结构计算的理论依据，以测定相应变形与理论的一致性。

（3）连墙件并非每根立杆都设置，而是间隔数根立杆设置，如果全部按照有连墙件计算的误差到底如何？此试验在连墙件水平方向水平杆之间设置斜杆，使连墙件之间的水平杆构成桁架，给无连墙件的立杆补充了支点。

在整体试验过程中又提出了顶端悬杆长度限值的问题，于是补做了方案六，对受压悬杆的承载力进行了试验，所有全部试验按照铰接理论进行计算，结果都是有相当的安全储备，因而是可靠的。

5.3.3 试验方案及测量数据

方案一 立杆纵距1.5m，排距1.2m，步距1.8m，连墙件间距3.6m，水平间距3跨。

（1）脚手架破坏时的变形如图5-2所示。

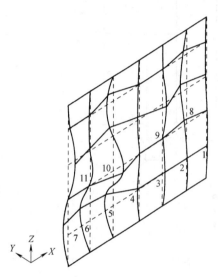

图5-2 脚手架试验方案一的架体变形图

第7轴立杆的变形呈S形，以连墙件处为固定点，与理论分析相一致；第4轴和第1轴也呈S形，但挠度较小。而4根无连墙件立杆的变化差异较大，但在一定程度上与有连墙件立杆相一致，说明它受到相邻有连墙件立杆的约束，基本上与无连墙件立杆一致。

（2）荷载—挠度曲线

通过加载过程记录，第5号点和第10号点的荷载—挠度曲线如图5-3所示。

5号测量点是连墙件立杆中点（也就是压曲变形最大挠度处；10号点是连墙件标高处，应是挠度最小处，但所选的是无连墙件立杆，因而却成为挠度最大处）。

从荷载—挠度曲线可以看出，结构工作状态分为三个阶段：第一阶段荷载<40kN，此阶段为弹性工作阶段；第二阶段荷载40～60kN，开始发生塑性变形，为弹塑性阶段；第三阶段荷载>60kN，进入屈服阶段，逐渐进入破坏，极限承载力为67kN。

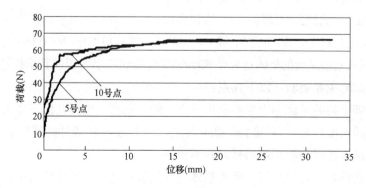

图5-3 方案一的荷载—挠度曲线

根据理论计算，其极限承载力：

$$P_{cr}=\varphi A f_T=0.14\times450\times235N=14805N$$

式中　　φ——压杆折减系数；

A——$\phi48\times3.2$ 钢管截面积；

f_T——Q235 的屈服极限值。

安全储备系数 $K=67/(2\times14.805)=2.26$。

方案二：结构构造参数与方案一相同，但在连墙件部位加设了水平斜杆，形成水平桁架，将无连墙件立杆变成了有连墙件的立杆。

（1）脚手架破坏时的变形如图 5-4 所示。

与方案一的变形图（图 5-2）相比较，所有的立杆变形全部呈 S 形，也就是说水平斜杆起到了支撑点的作用，使所有立杆成为有连墙件的立杆。

（2）荷载—挠度曲线

方案二的荷载挠度曲线如图 5-5 所示。

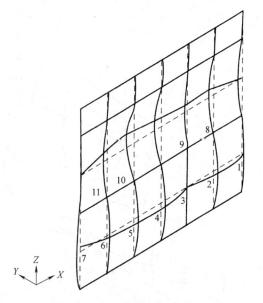

图 5-4　连墙件标高处装水平
斜杆后结构变形图

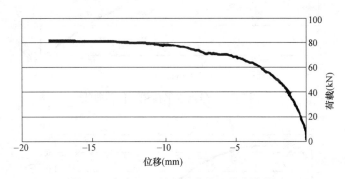

图 5-5　方案二 5 号点的荷载—挠度曲线

图 5-5 所示的荷载—挠度曲线仍然可分为三个阶段：第一阶段（荷载 $P<50kN$）；第二阶段弹塑性转化阶段（荷载在 $50\sim80kN$ 之间）；第三阶段为屈服阶段，荷载增加很少，变形却不断加大。此试验弹性阶段略有曲度，是由于所用立杆在第一方案试验时产生了一些残余变形导致。试验的极限荷载为82kN。

安全储备系数 $K=82/(2\times14.805)=2.77$。

与第一方案相比较，安全储备提高了 22.6%，说明了增加水平斜杆的效果。

方案三：本试验的结构构造参数与方案一相同，但在最下端一段立杆中点（拉墙件至底之间）增加了水平拉力，模拟风荷载在立杆中产生的弯矩。试验采用了先加垂直荷载后加水平荷载的加荷顺序：

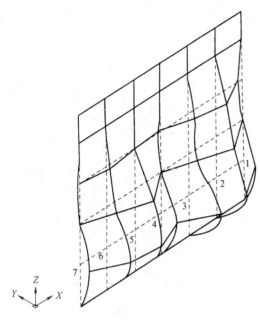

图 5-6 在轴向力和风荷载作用下的结构变形图

第一段：垂直荷载从 0 加到 22kN，也即垂直荷载压应力 $\sigma_p = 235 - 45 = 190\mathrm{N/mm^2}$；

第二段：水平拉力从 0.45kN 加到 1.8kN，弯曲应力 $\sigma_m = 45 \rightarrow 180\mathrm{N/mm^2}$；

第三段：垂直荷载 22kN→53kN，此时结构变形已极大，最终达到破坏。

（1）此时的架体变形如图 5-6 所示，破坏的最大位移发生在横向加荷点。

（2）水平荷载作用下的荷载—位移曲线如图 5-7 所示，而垂直荷载—位移曲线如图 5-8 所示。从整个加载过程看，第三段加荷虽然是垂直荷载，但是仍然是由于弯矩加大而破坏，也即横向荷载造成的挠度扩大了轴向力弯矩。

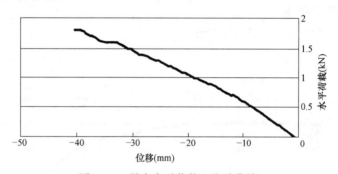

图 5-7 3 号点水平荷载—位移曲线

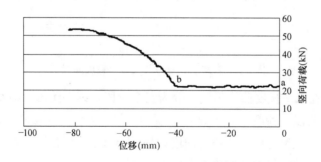

图 5-8 垂直荷载—位移曲线

注：a 点到 b 点为水平荷载 0→1.8kN，b 点之后只加垂直荷载

从第二段水平荷载加荷曲线看接近直线，也即弯曲应力与垂直应力仍处于弹性阶段。但此时的弯曲应力已达计算值的 4 倍，立杆依然稳固。直到第三段再加垂直荷载，其变形才逐步加大，如图 5-8，直到 53kN 时才破坏。

依此试验，垂直荷载与风荷载共同作用下，"碗扣架规范"所采用的压弯计算公式仍然是有足够安全储备的。

方案四：本方案的结构参数有重大的改变，除立杆、纵距、横距、步距（1.5m，1.2m，1.8m）不变之外，连墙件的间距改为 5.4m。试验的目的是校核当连墙件垂直距离超过 3.6m 之后，采取双排立杆间加廊道斜杆的措施保证架体的几何不变条件，其承载力力学计算值与试验结果是否一致。

本试验在双排立杆之间增加了斜杆（但连墙件之间无水平斜杆，即仍然存在无连墙件的立杆）。

（1）整体结构在垂直荷载作用下的结构变形图如图 5-9 所示。

该结构变形图表明标高 5.4m 处（连墙件处）无变形，而变形全部在连墙件之下，说明了廊道斜杆使下段结构构成了桁架，起到整体组合立杆的作用，但是最大变形在第 2 轴处，说明无连墙件立杆的效用影响。此外其余几根立杆的变形呈两步一波加直线段。这是试验采用的变形点不完整所致，只在 3 根立杆的 1、4、7 处设了测点，另外三立杆无测点，因而标出位移是 0，实际上并不正确。从测量变形的结果看，所有的挠度值都变得很小，只有 1～4mm（只个别达到 7mm），可以看出廊道斜杆的组合作用使内外立杆成为格构柱，与理论分析结果是一致的。当然作为立杆的计算长度改为节点之间的距离 1.8m 来进行计算是合理的。

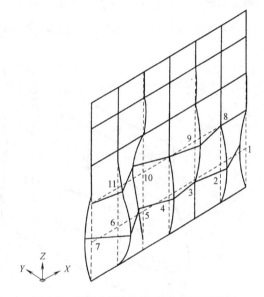

图 5-9　设置廊道斜杆的架体结构变形图

（2）方案四的荷载—变形曲线如图 5-10 所示。

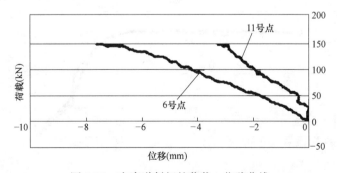

图 5-10　有廊道斜杆的荷载—位移曲线

试验结果的极限荷载（6 号点和 11 号点）都是 150kN，两点的水平位移略有不同。其极限承载力理论计算如下：

壁厚按 3.2mm 计算，$i=1.59$。

① 长细比：$\lambda=l_0/i=180/1.59=113.2$，$\varphi=0.496$

② 截面积：$A=450\mathrm{mm}^2$

③ 单肢极限承载力：$P_{cr}=\varphi A f_{\mathrm{T}}=0.496\times450\times235=52452\mathrm{N}$

④ 安全储备系数：$K=150/(52.452\times2)=1.43$

说明按照立杆计算长度 1.8m 计算，仍有 43％的多余安全储备，因此是可以保证安全的。

方案五：本方案与方案四结构参数基本相同，但本方案在连墙件标高处（5.4m）内外横杆间加设水平斜杆使之构成水平桁架，因而使无连墙件立杆等同于有连墙件立杆。该试验的目的在于比较与方案四（极限承载力）之差异。

（1）整体结构在垂直荷载作用下的变形图，如图 5-11 所示。

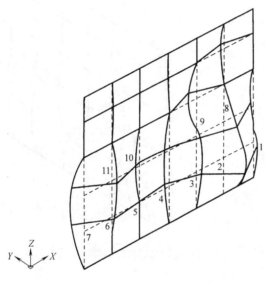

图 5-11　廊道斜杆与水平桁架综合结构变形图

该试验的结构变形形态与方案四并无原则区别，只不过立杆的变形具有各不相同的形式。以有连墙件的立杆为例：1 轴为 S 形；4、7 轴为单波形，但 7 轴的变形值较大，其余各轴都较小。这种差别的出现可能与试验结构水平杆连接位置不规范（有的连接在大横杆上，有的连接在小横杆上）有关。

在这个试验中影响最大的是立杆接头（理论上认为是连续的），由于接头套管的塑性变形，形成了铰。破坏是由该处管头的突出而失去承载能力。

（2）荷载—位移图

本试验的荷载位移图如图 5-12 所示。

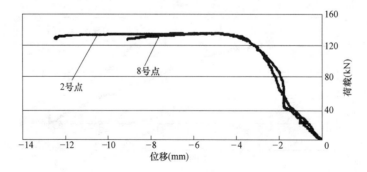

图 5-12　方案五的荷载—位移图

该试验的荷载—位移曲线具有典型的弹性体（或钢材）的形式，早期呈直线形式（处于弹性阶段），之后转入弹塑性，最终达到屈服，破坏时的极限荷载为 134kN。与理论计算之极限荷载之比为 $134/(2×52.45)＝1.277$，仍然有足够的安全储备。

此试验的缺憾之处在于与方案四相比，其安全储备降低了 36%。这一结果显然是不合理的。其根本原因就是试验构件立杆的连接处向外凸出，这个意外引起了试验结果的偏差。

方案六：最初确定试验方案时只有以上 5 个方案，但在试验过程中又提出来模板支撑架"顶杆"悬长的问题，于是与清华大学试验室协商增加方案六。在确定此方案时，认为"顶杆"是上端自由、下端固结的中心受压杆，其承载能力可按压杆计算长度系数 $\mu=2$ 计算，于是搭设了两步架，上端悬出长度采用了 0.9m 进行了压杆试验。

根据以上结构进行荷载试验，极限荷载达到 100kN，实际上已达理论计算极限承载力，但仍未破坏，因加荷千斤顶已到最大值，故未再继续进行，证明按计算长度系数 $\mu=2$ 计算是足够安全的，"顶杆"悬长为 0.9m 时其承载力安全储备系数 $K>2$。分析造成此一结果的原因是，试验并未达到上端完全"自由"，而是存在一定约束。

5.3.4 试验结果汇总与评价

由碗扣架规范编制组主持下所做的双排脚手架结构试验结果汇总于表 5-1。

碗扣式脚手架承载力试验结果汇总表 表 5-1

方案号	立杆计算长度(m)	极限荷载(kN)		破坏形态	结构设置及要点
		计算值	试验值		
一	3.6	29.6	67	立杆外弯压屈破坏	连墙体间距 3.6m，无水平斜杆
二	3.6	29.6	82		连墙件间距 3.6m，有水平斜杆
三	3.6	$22+0.45$ ($\sigma_N+\sigma_M=190+45$)	$53+1.8$ ($\sigma_N+\sigma_M=458+45$)	立杆外弯压屈破坏	轴向力加弯矩试验
四	1.8	100	150	立杆外弯压屈破坏	连墙件间距 5.4m，设廊道斜杆
五	1.8	100	134	立杆接头凸出	连墙件间距 5.4m，加水平斜杆
六	$2×0.9$	501	100	未完全破坏	顶杆"悬长"试验

注：1. 以上荷载均未包括加荷设备重量，荷载数值为两根立杆。
　　2. 计算极限荷载为按"碗扣架规范"（JGJ 166—2008）铰接计算法数值。
　　3. 方案三加载方式为垂直和横向荷载两项。垂直荷载 22kN，之后横向荷载加到 1.8kN，最后，垂直荷载 22kN 升至 53kN 破坏。
　　4. 方案四为检验廊道斜杆的作用。
　　5. 方案五与方案四相同，但增加了水平斜杆。极限强度值偏低是因立杆接头连接不良造成凸出所致。

这次结构试验是对脚手架整体结构的试验，选择了双排脚手架的最典型情况，试验是在"铰接计算法"理论的指导下，是一次成功的试验，为"碗扣架规范"的编制提供了必要的极限承载力数据，基本上解决了脚手架和模板支撑架结构计算的问题，是一次完整的科学探索。

试验虽然以双排脚手架为主体，但实际上是对"铰接计算法"的验证，只不过模板支撑架立杆平面是双向排列而已，而且模板支撑架的结构较双排脚手架更为简单，不存在连墙件等影响网格式结构的因素。此外试验虽然选用的是"碗扣式钢管架"，从理论上来讲对扣件式钢管架等其他类似的钢管架都具有相同的意义。

本次试验可以说是 1986 年星河机器人公司与北京住总集团所做试验的进一步发展，

较之更为深入和细致，取得的结果也丰富得多。

本次试验的遗憾是斜杆的长度不够规范，并非完全按照几何长度计算所得，因而未达到理想的靠近节点的要求，而且连接位置（横杆、立杆、斜杆）也是多种多样，因而所得极限承载力一般偏大（由于连接点而缩小了立杆的实际计算长度）。

5.3.5　从试验结果分析立杆的连续性及其影响

立杆的连续性问题一直有专家质疑，从这次试验结果看，立杆连续性对结构承载力还是有一定影响的。从第一方案的安全储备来看，达到 139%，也就是比计算值大一倍还多（其中有斜杆连接点在立杆上，造成立杆计算长度的减小），说明在连墙件处立杆视为"铰接"偏于保守，因而对该情况作了理论分析。分析结果证明如按该处连续的力学分析，相当于立杆计算长度缩小了 16%，相应的极限承载力会有很大提高。在此基础上，"规范"在 5.3.2 条规定了拉墙件距离≤4.2m 时，计算长度乘以 0.85。

碗扣架在立杆计算中，除了连续性之外，还存在着接头问题，此问题最显著地发生在方案五中，由于接头处理不当，造成接头凸出的破坏。这就给使用提出了控制问题，不可将立杆的连接销取消，套管也应连接紧密。对于其他种类的钢管架，如扣件式钢管架也应采用对接扣件牢固连接，以保证架体安全。

5.4　碗扣式钢管架"井字架"试验

5.4.1　概述

碗扣式钢管架的"井字架"试验是该种施工架在研发初期所做的专利论证试验，也是我国脚手架整体试验中的首次试验，因而具有重要的意义。该试验的科研课题名称是"WDJ 碗扣型多功能脚手架试验"，试验报告作为碗扣型脚手架鉴定资料的一部分。该碗扣架与现有碗扣架略有不同的是，在下碗扣内有齿牙，也就是"齿碗"。架体零配件由铁三局孟塬工程机械厂制造，试验的地点是在太原铁三局工程试验室和孟塬机械厂，试验的时间从 1986 年 3 月到同年 6 月。试验的内容除整体结构的井字架之外，还包括下碗扣极限剪切强度、上碗扣偏心抗拉强度、可调支座承载力等多项，可以说试验的内容比较全面和完整，对于脚手架试验人员具有很好的参考作用。

5.4.2　架体结构和设计参数

该试验的架体采用了井字架结构，也即立杆布置平面为矩形，由 4 根立杆作主承力杆件。上部由横杆与斜杆构成完整的井字架。一共制定了 5 个试验方案，该 5 个方案中分别采用了 1.2m×1.8m 和 1.2m×1.2m 两种平面；步距分别采用 1.8m 和 1.2m 两种；斜杆的设置也主要采用两种：对面双侧斜杆和四面斜杆两种。井架的全高分别采用了 5 步和 7 步（步距 1.2m）两种。

5.4.3　加载方法和变形测量

如图 5-13 所示，加载方式采用了井架中心钢丝绳拖拉顶端钢框架，钢丝绳下端通过滑轮转向后，由千斤顶曳引。荷载由钢丝绳上的应变仪测定和千斤顶压力表双向测定，两台经纬仪测定架顶标尺的水平位移和垂直位移。

5.4.4 试验报告汇总表及简要说明

汇总表如表 5-2 所示。

以上试验结果简要说明如下：

① 1 号方案：极限荷载破坏产生于一立杆接头处，极限荷载为 146.6kN，发生突然破坏。承载力低的原因是双侧斜杆，另外两侧为几何可变体系之故。

② 2 号方案：极限荷载为 126kN，跨中最大挠度达 256mm，低于 1 号方案的原因是 2 号方案是在 1 号方案破坏后进行修复，再做时已有相当大的残余变形，影响了其极限承载力。

③ 3 号方案：当荷载加到 150kN 时，第 4 节与第 5 节连接处明显向外弯曲，荷载达 239kN 时，弯曲过大导致整体失稳。此结构四面有斜杆，构成了几何不变体系，承载能力明显提高。

④ 4 号方案：顶部偏移失稳，但由于步距较小 (1.2m)，计算长度小，因而承载力较第 1、第 2 方案高。

⑤ 5 号方案：由于四面斜杆，保证了几何不变性，因而刚度较大，荷载加至 347.6kN 时尚未失稳，最后由于加载钢丝绳破断而结束了该试验。

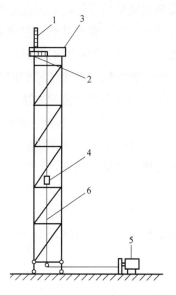

图 5-13 井字架试验装备图
1—垂直位移标尺；2—水平位移标尺；
3—加载框架；4—力传感器；5—加载
千斤顶；6—钢丝绳

碗扣型脚手架井架结构试验结果汇总表 表 5-2

方案号	1	2	3	4	5
尺寸及结构组成	180×120×180	180×120×180	120×120×180	120×120×120	180×120×180
井架层数	五层	五层	五层	七层	五层
斜杆设置	双侧斜杆	双侧斜杆	四侧斜杆	双侧斜杆	四侧斜杆
极限荷载(kN)	153	129	242	179	351
破坏形式		Δ=256	Δmax	Δmax	
备注	一立杆接头断裂	失稳跨中挠度达 256mm	第 4、5 节处明显弯曲	弯曲在第 4 节末顶部向外弯曲	由于加载钢丝绳破断未破坏

5.4.5 评价

该试验是我国首次脚手架的整体试验，应该说取得了具有引导性的科研成果。这个试验是我国早期专利技术的鉴定资料，在前无古人的情况下，试验条件也极差，是一个摸索性试验。今天来看虽然有很多不足，但是从基本概念上还是明确的，目的是测定该种脚手架在不同结构构成时对其承载力的影响，以承载力为主要测定值，以不同的步距和不同的斜杆设置方法（双侧斜杆和四面斜杆）试验来寻找其规律性，从这点看还是取得了一定的成果，对脚手架的搭设方法提供了一定参考。但是，这些成果在之后之工作中没有得到业界的充分注意，这是非常遗憾的。

从现在来看，这个试验最大的不足是忽略了计算理论的指导作用，没有顾及结构几何不变性这个基本条件，5 个方案中只有 2 个是四面斜杆的几何不变结构，其他 3 个试验应当说失去了意义。由于忽略了计算理论的分析，事先不知道加载可能要达到的数值，因而重要的方案（四面斜杆方案）加载未能达到破坏值，钢丝绳拉断而被迫结束试验。当然，该试验由于未能考虑理论分析，因而也未能提出脚手架结构设计的有用结论。

5.5 扣件式钢管架结构试验

5.5.1 概述

1991 年由哈尔滨建筑工程学院所做的扣件式钢管脚手架的试验应当说是具有里程碑意义的试验，因为它是继碗扣架井字架试验之后最重要的试验，并且它也是我国第一部脚手架规范《建筑施工扣件式钢管脚手架安全技术规范》（JGJ 130—2001）编制的辅助依据，因此其影响也是无比巨大的。但是由于当时我国关于脚手架的设计理论尚处于不成熟阶段，因而试验并不完美，存在着相当大的遗憾。

该试验采用了扣件式钢管架，其结构并无明确组成规定，而是采用了当时通用的脚手架搭设方法：双排立杆，大面采用十字盖斜杆，双排架间采用了 2 步间距的斜杆，侧面设有连墙件（图 5-14）。

结构试验采用了千斤顶加荷，确定其极限承载力。变形采用了千分表测量，分别记录横向及纵向变形。试验共有 11 个方案，最后都得出了极限荷载值及破坏时的结构变形形态图。

5.5.2 试验结构参数与方案选择

试验的加荷、测量的设置如图 5-15 所示。试验架的整体尺寸分为两种：第一批试验架高×宽×长为 14.4m×1.2m×7.5m；第二批试验架高×宽×长为 10.8m×1.2m×1.5m，其他结构参数按照方案的设想主要参数为：

排距：多数为 1.2m，只第 5 和第 10 方案为 1.5m；

步距：第 1 到第 5 方案为 1.2m，第 6 到第 11 方案为 1.8m；

纵距：为 1.5m 和 1.8m 两种。

连墙件垂直间距：全部为 3.6m；水平间距为 3 跨。

除此之外，支撑系统采用了纵向支撑和横向支撑两种方案。

以上结构参数的选择是在没有理论计算指导下采用了随机方式，也可以看出该试验的一个目的是想通过试验来确定结构参数。11 个方案的参数见表 5-3。

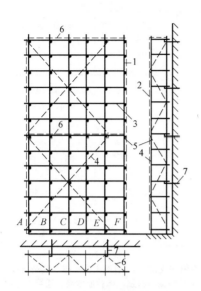

图 5-14 脚手架试验结构图

1—立杆；2—横向水平杆；3—纵向
水平杆；4—纵向支撑；5—横向支撑；
6—水平支撑；7—连墙件

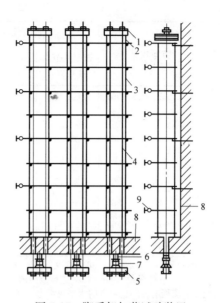

图 5-15 脚手架加荷试验装置

1—纵向分配梁；2—横向分配梁；3—脚手架；4—加荷拉杆；
5—横梁；6—电子秤；7—同步液压千斤顶；8—混凝土台座底板；
9—混凝土台座

扣件式脚手架 11 个方案结构参数表   表 5-3

方案编号	1	2	3	4	5	6	7	8	9	10	11
高度 H(m)	14.4			10.8		14.4		10.8			
长度 L(m)	7.5		4.5		5.4		7.5	4.5	5.4		4.5
步距 h(m)	1.2					1.8					
排距 L_b(m)	1.2				1.5	1.2				1.5	1.2
柱距 L_a(m)	1.5			1.8		1.5		1.8			1.5
连墙件 H_1	3.6						7.2	3.6			
连墙件水平间距	4.5				5.4	4.5		5.4			4.5
支撑设置	纵向		纵横			纵向		未设	纵向		

5.5.3 试验结果及理论分析

所做的 11 个方案有关极限承载力的结果列于表 5-4。

脚手架整架加荷试验与理论分析结果   表 5-4

方案序号	方案代号	临界荷载电算值(kN)			临界荷载试验值 P_{cr}(kN)	误差 $(P_{cr}-P'_{cr})/P_{cr}$ ×100%
		按刚性节点计算 P_{cr1}	扣件半刚性修正系数 K	经修正后结果 P'_{cr}		
1	Ⅰ 12·12·15·36a	54.77	1.4	39.16	40.25	+2.71
2	Ⅰ 12·12·15·36ab	63.91	1.4	45.70	46.50	+1.72
3	Ⅱ 12·12·15·36a	58.89	1.4	42.11	46.25	+8.95

续表

方案序号	方案代号	临界荷载电算值(kN)			临界荷载试验值 P_{cr}(kN)	误差 $(P_{cr}-P'_{cr})/P_{cr}$ ×100%
		按刚性节点计算 P_{cr1}	扣件半刚性修正系数 K	经修正后结果 P'_{cr}		
4	Ⅱ 12·12·18·36*a*	57.95	1.4	41.39	46.25	+10.51
5	Ⅱ 15·12·18·36*a*	52.15	1.4	37.25	41.00	+9.25
6	Ⅰ 12·18·18·36*a*	35.83	1.3	27.55	29.75	+7.39
7	Ⅰ 12·18·15·72	25.57	1.3	19.67	19.75	+0.40
8	Ⅱ 12·18·18·36*a*	37.45	1.3	28.30	35.75	+19.44
9	Ⅱ 12·18·18·36*a*	36.86	1.3	28.35	43.25	+34.45
10	Ⅱ 15·18·18·36*a*	34.60	1.3	26.62	25.75	−3.38
11	Ⅱ 12·18·15·36*a*	—	—	—	33.75	—

注：①方案代号Ⅰ 12·12·15·36*ab* 含义：Ⅰ—第一批试验架；第一个12—立杆横距1.2m；第二个12—步距1.2m；15—立杆纵距1.5m；36—连墙点竖向间距3.6m；*a*—设有纵向支撑；*b*—设有横向支撑，其余方案代号类推；②所有方案连墙点的水平间距为三跨长；③第9方案由于纵向支撑过强，试验值偏高；④第11方案加偏心荷载。

在表5-4中临界荷载电算值中列出的是按刚性节点计算，在刚性节点上考虑扣件半刚性修正系数所得的结果，这就说明该理论计算值是以半刚性节点为基本假设条件求出的，但是没有说明按刚性节点如何计算，及半刚性节点修正系数是如何得到的，这就是该试验分析结果的软肋。

除了极限荷载的试验值之外，变形测量的结果如图5-16所示。

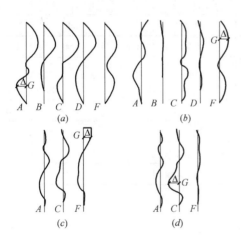

图 5-16 整架实验的失稳形式

(*a*、*b*、*c*、*d* 分别代表 7、6、1、2A~F 片横向框架，参见图5-14)

根据试验的极限荷载值及所观测的变形资料，试验者得出以下主要结论：

(1) 立杆破坏时实测应力值<100N/mm²，破坏是突然发生的，破坏变形是横向鼓出，由此判断立杆的破坏是失稳。失稳发生在无连墙件立杆或刚度较差处，失稳时各立柱屈曲方向一致；变形形态呈明显的多波曲线，半波曲线大于脚手架步距而与连墙件竖向间距相近。

(2) 极限荷载值与相关影响因素之间关系如下：

步距：步距由 1.2m 扩大到 1.8m 时，极限荷载下降 26.1%。

连墙件：竖向间距由 3.6m 扩大到 7.2m 时，承载力降低 33.38%，水平间距增大虽使极限承载力有所降低，但降低幅度不大。连墙件水平间距采用"花排"方式比"并排"方式极限荷载提高 11.06%。

支撑：纵向支撑(顺墙设置的十字盖)取消时，较设置时的极限荷载降低 33.38%；横向支撑(双排立杆间)设置时比不设置时提高 15% 以上。

5.5.4　对试验结果的讨论与评价

从上述扣件式钢管架的结构试验看，试验还是成功的。成功的原因在于试验之前进行了理论分析，确定了结构整体承载力是脚手架安全使用的关键；其次是脚手架的结构构成方法与几何参数是影响极限承载力的主要因素，因而试验瞄准了步距连墙件竖向和水平距离以及支撑体系等主要影响因素，制定了 11 个方案。这个试验达到了试验者的目的，得出了对双排脚手架结构构成很有意义的结论。

该试验的不足之处主要是在理论计算上严重缺失，由于没有计算理论的指导，使得所制定的 11 个方案无法与理论计算相对照，因而不能直接指导脚手架结构的计算方法。该试验所列的理论计算值是所谓电算法（其力学理论似乎采用的是半刚性节点假设），但是这个电算法并未提出任何力学依据，因而只能让工程师望洋兴叹了。我国在结构计算中采用电脑已经有数十年的历史，但是在从力学过渡到电脑计算的研究却极为薄弱。如何将该部分更好地展示给应用的工程师们仍然是当前亟需解决的科研课题。

理论指导上的缺失主要表现在以下几个方面：

（1）没有对结构构成中最基本的机动分析进行讨论，因而所选的 11 个方案中，有的是属于几何可变体系，是不可采用的，也不能进行结构计算的，而这个问题也是造成架子倒塌的主要原因。

（2）由于承载力主要取决于立杆，而立杆又是受压杆，其结构计算长度就成为计算中的关键，试验者并没有分析所试验的立杆计算长度如何确定，因而试验结果就无法解决这一问题。

（3）除了结构构成之外，双排脚手架的承载力与连墙件的垂直距离以及横向支撑的设置法又有关，而试验没有把这一情况进行深入的理论分析，于是所得到的数据只能作概念性分析。

以上只是简略的分析，虽深度不够，仍值得大家讨论，以便进一步提高脚手架结构试验水平，使试验资金达到应有的经济效益。此外值得共同确认的就是结构试验结果应当向业界公布，不应作为专利而不发表，这对于行业的发展是有害的。

6 《建筑施工碗扣式钢管脚手架安全技术规范》（JGJ 166—2008）要点诠释

6.1 概　　述

2008 年编制的《建筑施工碗扣式钢管脚手架安全技术规范》于 2009 年 7 月 1 日开始实施，但从各方面的反映来看并不理想。通过这一段时间关于建筑施工架有关规范的编制和讨论可以看出，"碗扣架规范"的主导思想和方法并没有达到充分的理解及应用，而旧有的扣件脚手架规范的错误观念以及一些凌乱而并不完整的概念时时干扰着新概念的运用。表明推广"碗扣架规范"尚须努力。

"碗扣架规范"的编制是从 2003 年末开始的，历时 5 年才最终完成，经历的挫折与干扰是极大的，原因是编制者从一开始就采取了独立创新的道路。这条道路是总结了"扣件架规范"颁布以来的众多事故，以及该规范在理论上的缺失所得到的。前一段脚手架的论文对扣件架规范已有多个专家和工程师提出了很多意见，但意见比较分散，并没有从理论上系统进行。其主要原因是扣件架规范并没有明确提出自己的理论依据，再加上它所依据的试验又采用了"电算法"这个模糊概念，使概念复杂化。碗扣架规范编制小组没有沿着这一路线走，而是寻找一条新路。与此同时脚手架的另一基本理论——铰接计算法已日臻成熟，可以提供完整的结构计算法。当然由此自然形成了对"电算法"的冲击，必然产生概念上的差别。

"碗扣架规范"遇到的第二个阻力来自"规范"的管理体制，由于该规范被列入安全类，审定规范的专家对结构设计不够熟悉，而所编制的规范内容重点却在结构计算，因而对审查稿修改过多。编制的初稿经几次审定之后，对其中关键性的内容作了修改，导致最后颁发的规范虽然保留了原编制的主体内容，但有些重要条文叙述不够完整，有的说明条文和插图被取消，带来了学习上的困难，为了能使工程师们能更好地理解，现将其重点补充于此。

6.2 碗扣架规范的主导思想和铰接计算法

碗扣式钢管架是建筑施工中被广泛应用的架体，与其他架体一样主要问题是安全使用问题，而安全使用问题主要是架体的承载能力问题。依据建筑工程大量建造经验可知为保证结构安全必须采用结构设计的方法。遵从结构力学的原理设计结构，并经力学计算是达到安全的唯一途径。碗扣架虽然是一个定型产品，但是其搭设却会有多种多样的方法和构造，因此碗扣架也存在结构设计问题，绝不能单纯以碗扣架的优点来确定其安全性，而应当对其整体结构的构成提出要求和订立规则，这种要求和规则是应当以结构力学理论为基础的，除了结构构成规则之外，由于架体应用条件和荷载的不同，还要通过结构计算达到保证安全的目的，所以碗扣架规范制定小组一开始就决定以结构力学为指导，并尽量简化结构计算。理论计算要概念清晰，便于工程师们掌握（扣件式钢管架采用电算法的缺点就是概念模糊、运算复杂），所运用的力学计算能为工民建专业的大学毕业生所掌握，在此基础上选定了"铰接计算法"。

所谓铰接计算法，也就是将由杆件结构连接而成的节点视为"铰"接来进行计算。铰接结构在桁架计算中已有多年应用的历史，是较易掌握的结构计算方法。当然，脚手架和模板支撑架所形成的铰接结构与桁架存在很大差别，这就需要对这两种结构的具体计算提出具体的方法，这也就是该规范要解决的问题。

6.3　杆系结构的几何不变性与架体的倒塌

6.3.1　建筑施工架倒塌的原因

建筑施工架频繁发生倒塌事故，目前对倒塌事故的分析却很不到位。大多数结论是操作不当、不规范、钢管壁厚不够、扣件质量不良等，但是一直没有从理论上分析。实际上只要从结构理论上入手就可以知道，倒塌实际上是出现了结构的"极限状态"。超过极限状态主要是三种：整体失去平衡；构件与连接材料超过材料强度（包括构件丧失稳定）和结构变为机动体系。其具体情况已在第 3 章和第 4 章作了说明。在这里仅对第三极限状态作一补充说明：扣件式钢管架规范未提出几何不变性问题，导致施工中模板支撑架一般都无斜杆设置，而这种情况的存在就是倒塌事故的一大主因。从结构力学角度讲不满足几何不变条件的结构是不能承受荷载的，当然也不能进行结构计算。

这一重要问题在碗扣架规范中，只在第 1 章总则中的 1.0.3 条中以"确保架体为几何不变体系"一句话带出，过于简略，没有突出几何不变性的重要性，对克服事故频发的作用显然也是不够的。

6.3.2　建筑施工架结构的几何不变条件

关于组合结构的几何可变、不可变问题是结构力学的基本问题。结构力学本身所研究的问题就是多个构件组合的结构的力学问题，通常将结构的构件视为刚体，而这些构件之间相互用某种形式相连接。连接点一般为"铰"接或"刚"接，当为铰接时则在该点构件之间可以发生转动；当连接点两构件之间不能发生任何相对位移时，则称为"刚"接。组合式整体结构的力学计算第一个问题就是组合结构在外力作用下是否能保持原有的形状，这就要对其进行分析。如果在外力作用下结构形状可以发生变化，就成为可变结构；反之为几何不变结构。显然，可变结构实际上是不能承受荷载的，因而任何结构必须进行此项分析，称之为"机动分析"。机动分析除了能判定"可变"与"不可变"之外，实际上可进一步确定"静定"与"超静定"的界限，也即约束条件初步达到"不可变条件"时，实际上是"静定结构"；当约束条件多于静定结构时，则成为"超静定结构"。机动分析中最简单的实例就是三角形和四边形（或多边形）（图 6-1）。

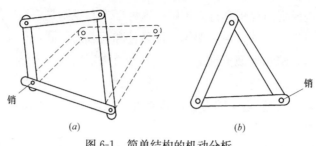

图 6-1 简单结构的机动分析
(a) 四边形；(b) 三角形

可以看出四根构件以销连接时，它不能保持结构形状不变（可以变为虚线所示的形状）；同样三根构件以销连接时，则该结构可保持形状不变，所以通常认为三角形体系是几何不变的。

建筑施工架是由多根杆件组合成的整体结构，当然它也要服从这一规律。许多不按此规律做的结构发生了倒塌，应当引起注意。以建筑施工架为例，它是由横杆与立杆组成的网状结构（图 6-2），如果将节点视为铰连接，那么可以看出，只有横立杆的结构形成多个四边形体系（图 6-2a），因而是可变体系，是不能承受荷载的。如果要想改变这种状况，唯一办法是增加斜杆，使之变为几何不变体系。如图 6-2 (b) 所示，从底下一格增加一根斜杆，就可将底下一排形成几何不变体系。初步看来左侧一格增加了斜杆，右侧三格似乎都呈四边形，成为可变体系，但其实不然。由于第一格右上角的铰位置不可移动，因而从该处接出去的横杆与由地面接出去的立杆相交，实际上仍然是三角形体系。依此类推，底下一排结构整体成为几何不变结构。同样往上的第 2 层中第 2 节间设了斜杆，同样也保证了该排的几何不变。最终可得出网格式结构几何不变的条件是：架体的每层（或每步）有一根斜杆。

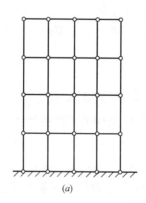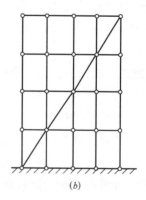

图 6-2 网格式结构与斜杆
(a) 可变体系；(b) 几何不变体系

以上结论对施工架保证安全是非常重要的，对模板支撑架来说，实际上是空间形式的网格式结构，因而必须分解为平面结构予以分析。按立杆的轴线 x 和 y，分解为垂直平面进行机动分析。对于双排脚手架其大面（主立面）也是网格式结构，十字盖可视为斜杆；但在横剖面的构成只有双排立杆，另一侧为拉墙件与附着结构，较为复杂一些，但依然可以用同样的原理来分析。

建筑施工架的几何不变条件非常重要，但至今仍未引起业界的注意，这是很遗憾的事情，建筑结构由此而发生倒塌的事故亦是不胜枚举，而且从前述的结构试验也可得出相应的结论。第 5 章中碗扣架井字架结构试验中也已证明了这一问题（双侧斜杆和四侧斜杆极限承载力的差别），因而似乎不必再进行讨论了，但是从"碗扣架规范"推行情况看，对几何不变性的重视状况很不理想。

6.4 压杆稳定和欧拉公式

6.4.1 碗扣架规范中的压杆计算

碗扣架规范压杆计算公式是严格按照材料力学和结构力学中所提供的欧拉公式规则进行的，其关键点主要在于：中心受压杆两端的约束条件（铰接、固接、自由与弹性弯曲）；极限荷载计算的欧拉公式，两端约束条件为铰接，其他约束条件时应乘以长度系数 μ。中心受压杆的计算长度 l_0 与计算长度系数 μ 依据材料力学规定选取。此一点毋庸置疑，似乎已不用多说，但是"扣件式脚手架规范"对欧拉公式进行了"修正"，导致了概念的混淆。

铰接计算法是将整体结构的节点视为铰，保证了正确应用欧拉公式，因而其极限荷载计算中，杆件计算长度就是两端节点之间的长度，计算长度系数 μ 为 1.0。当两端非铰接时，μ 有不同数值，一共有六种情况（见第 3 章图 3-6）。

由于欧拉在推导此公式时，是以两端铰接为基础，得出的压杆压曲变形为一正弦波，因而当杆端连接的边界条件不同时，与正弦波对比而得出不同端节点的波形为组合正弦波段，将其半正弦波作为计算长度，而得出计算长度系数值。

欧拉公式的这些基本点不仅有理论推导的证明，并且经过多次试验证明了它的正确性，在全世界的结构计算中也是被普遍认同的。因而任何修正欧拉公式的想法都需要拿出足够的理论依据才可以运用。

6.4.2 对欧拉公式的"修改"与"否定"

在建筑施工架结构计算方法上，第一种出现修改的欧拉公式就是扣件式钢管架规范中的（5.3.4）式，提出立杆计算长度 l_0 按下式计算：

$$l_0 = k\mu h$$

它对 $l_0 = \mu L$ 的欧拉公式进行了彻底改变，除了 μ 之外，人为地增加一个系数 k，称之为长度附加系数，取值 1.155。如此改变没有提出任何理论和试验依据，而在原来的系数 μ 的说明中称之为"考虑满堂脚手架整体稳定因素的单杆计算长度系数"。实际上只是采用了欧拉公式的外形，完全改变了欧拉公式的本来意义。

该公式与欧拉公式相比较主要有如下几点变化：

(1) 计算长度系数 μ 与立杆两端约束条件无关（而欧拉公式中都是根据两端约束条件）。

(2) 公式中的立杆几何长度（基础长度）选择了步距 h。此点有误，尤其是在双排脚手架中，是与斜杆的设置以及拉墙件位置有关。

(3) 计算长度系数 μ 改为与架体跨度、步距有关的系数，与欧拉公式根本不同。

以上修改由于与欧拉公式完全不同，因而得出的计算长度也就完全不同，实际上不能套用欧拉公式。

第二种对欧拉公式的"修改"出现在新近的有关论文及规范讨论会的讨论稿中，主要是对欧拉公式的计算长度系数 μ 提出新的计算式：

$$\mu = 1.8736 \sqrt[4]{\frac{L_c^3}{h^3}}$$

式中　h——支撑结构架的步距。当整个支撑结构架子的步距不等时，取其中较大的步距；

　　　L_c——支撑结构架子与剪刀撑相连接的水平杆长度。

仔细分析该式的力学意义就会发现，该计算长度系数 μ 与横杆长度 L_c 的四分之三次方成正比；与杆件几何长度 h 的四分之三次方成反比。这也就意味着横杆的长度越长，μ 值越大，实际上横杆与立杆只在节点处相接，横杆的长度如何会影响到立杆的计算长度呢？其次就是与几何长度 h 的关系，意味就 h 越大，μ 值越小，这与欧拉公式也是背道而驰的。

除此之外，对欧拉公式的"修改"可能还有其他方面，需要认真分析和研究到底哪一个是正确的，此结论对脚手架设计影响极大。

除去对欧拉公式的"修改"之外，个别学者认为欧拉公式欺骗了广大学界，认为它本身是错误的，是架体倒塌的根本原因。其立足点是圆管截面的欧拉公式，该公式中惯性矩表示为与管内外径的公式。然后令内径逐步加大，当内径趋向于外径时，承载力逐步加大，也就是说管壁越薄承载力越大，认为与事实不符。其实，这是对欧拉公式的一个错误分析，其错误在于当内管径趋于外管径时，虽然惯性半径变大，但是截面积却减小了，并非承载力加大。

欧拉公式可以说是经过千百万个工程实践验证的公式，并有严格的力学理论分析，不应当任意对其进行"修改"和"否定"。

6.4.3　结构试验与欧拉公式

近年来建筑施工架的试验研究成果很多，其目的在于摸索建筑施工架的结构计算方法，希望直接从整体结构的试验获得结构计算方法，但是架体的组合构造和几何参数的数量是极大的，试图通过试验来解决是徒劳的。大量的工程实践及结构理论研究已经形成了成熟的结构设计方法，简单归纳一下将整体结构纳入"结构分析"中，按照结构力学的方法，通过结构分析即可得到构件和节点的内力。在这一阶段并不牵涉到构件强度计算，取得了构件及节点内力之后才能进入构件及节点强度的计算，以上两个阶段的界限是分明的。以国家规范为例，钢结构、木结构、钢筋混凝土结构等结构设计规范都是针对第二阶段而编制的。

将两个阶段混合起来解决的想法和路线是不正确的，但是在建筑施工架的研究报告中，这种情况却屡见不鲜。以某大学的一个结构试验为例，其试验目的是探寻立杆的极限荷载，结果是失败而终，与上一节中所举计算长度系数"修改"的基本概念相同，就是用整体结构直接求得计算公式的结果。应当指出的是，欧拉公式是独立构件的计算公式，而不是整体结构的计算式，是属结构设计第二阶段的计算式，不能与第一阶段"混合"分析。直接从整体结构试验而得出立杆极限承载力的想法是行不通的。

6.5　结构构造图形与结构计算

碗扣式钢管架技术规范中突出了结构计算简图，并以结构计算简图为基础进行结构分析和计算，这也是依据结构力学原理所走的路线。建筑结构计算发展到今天一直是沿着这条路线走的，尤其是杆系结构，根据其整体结构的图形进行理论性的归纳（假设杆件的形状和节点的类型），然后进行内力分析，求得杆件的内力后按照梁、柱等独立构件进行强度验算，因而结构整体的构造和图形成为结构计算的基础。本来这已是公认的结构计算程序，但是近年来发表的论文和试验报告几乎无人讨论这个基础性的课题，因而所提出的论点与所谈论的结构图形无关，当然无法形成真正的结构计算方法。碗扣架规范打破了这种无结构图形的结构计算理论，使得整个结构计算理论达到了结合实际、言之有物的结果。

碗扣架规范根据结构计算简图，将原来笼统地称之为"脚手架"的建筑施工架分为双排脚手架和模板支撑，分别根据其特点提出力学分析的方法，这也是碗扣架规范的一大突破。

6.6　模板支撑架斜杆设置与剪刀撑

6.6.1　模板支撑架斜杆设置

碗扣架规范结构设计计算一章5.6.3条中的第一条"在每行每列有斜杆的网格结构中按步距 h 算"，此条是按照结构铰接计算法推理后提出的应满足的结构构造要求。但是许多专家认为这一规定过于严格，给施工带来麻烦，认为不需要每排每列都按几何不变条件设置斜杆，提出了间隔设置斜杆的方案，于是出现了第2条的说明，而该说明只是对设计计算的规定，而在第6章构造要求的6.2.2条说明了模板支撑架具体设置斜杆的方法。该条中的第1款是说明采用通高斜杆（自底到顶）的设置办法，实际上在模板支撑架中并不适用。第2条就是前述第5章中第2条的具体体现，简化之后的概念就是间隔设置斜杆的基本条件是立杆间距小于或等于1.5m时，设置斜杆的结构平面之间不得超过3跨。这一规定源自双排脚手架的结构试验结果，即小于3跨时无连墙件，虽然使承载力有所降低，但降低值在20%以内，说明纵向横杆的连接还是起到了相当大的约束作用，这些结果运用到模板支撑架中，可认为所间隔的架体也会受到相邻的有斜杆架体的约束，但是考虑安全因素，故对"悬出顶杆"提出了计算长度采用 $l_0=h+2a$ 的计算方法。

6.6.2 剪刀撑设置

关于剪刀撑的提法，在 6.2.2 条的条首写的是"模板支撑架斜杆设置应符合下列要求"，并没有出现剪刀撑这一概念，但是在具体条文中却出现了"剪刀撑"的概念，这是规范审查时没有注意到碗扣式钢管架并无剪刀撑这样的构件。纵观整个规范为保证结构几何不变的方法都是增加斜杆，而没有应用剪刀撑。其实剪刀撑与斜杆的作用是相同的，只不过剪刀撑采用断面较小、只能承受拉力的杆件，并交叉布置，两个方向来的力分别由其中一根承受。而碗扣架所采用的斜杆一般都是钢管，而且长度都不很长，因而长细比都在 200 以内，既可以承受拉力，也可以承受压力。从这一概念出发，结合规范的条件应当予以理解。当然，如果专门设计了相应的剪刀撑亦可予以应用。

6.7 模板支撑架的倾覆计算和风荷载

6.7.1 风荷载计算的实质

碗扣架规范对模板支撑架的风荷载计算实质上是对架体"倾覆"的计算，这是在脚手架计算中首次被提出来的，以前有关脚手架计算中对此并未引起重视，因而一直是个盲区。规范编制小组在编制之初，对风荷载计算中即发现，当架体较高时，风荷载的作用会在立杆中出现拉力，而钢管架一般都不能与地面锚固，拉力就意味着倒塌风险。从这一点出发再分析建筑施工架在拆除过程中发生的事故，有一部分就是由倾覆引起的，如某烟囱架在拆除时倒塌，就是将原有的缆风绳拆除时没注意到对称与平衡的关系造成的。

碗扣架规范的第 5 章 5.6.4 条阐述了对风荷载的计算，并列出了斜杆内力计算图。其主要计算原理就是以风荷载作用为倾覆力，架体自重为平衡力，计算立杆不出现拉力，也就是风荷载在立杆中的拉力小于自重平衡力为安全。计算中采用了结构静定体系，此时斜杆的设置有多种可能，因而不能概括所有情况，这是规范中的不足。为了能使这个计算更为合理，笔者将架子视为整体，把风荷载和结构自重综合计算，用整体平衡条件来判断，得出的结果具有更大的综合性，计算也更为简便，同时，也希望业内同仁能提出新的更好的方法。

此处还有一值得讨论的问题，就是计算的工况。规范中提出了两种工况：一是未绑扎钢筋时；二是钢筋绑扎完毕时。显然第一种工况时平衡力矩偏小，而第二种情况平衡力矩偏大，因而分别计算并无意义，建议以第二种工况计算为准。当然有人会提出，第一种情况更危险，不应以第二种情况计算，但笔者认为由于风荷载选用的是最大值（10 年或 20 年一遇），而大风时一般现场停止施工，因而可忽略这种因素。

6.7.2 倾覆计算与模板支撑架的高宽比

碗扣架规范的 6.2.5 条规定了模板支撑架的高宽比应小于或等于 2，对于其他规范来说似乎过于严格了。但是实际上这个规定并不准确，真正要科学地解决高宽比的数值应以上述倾覆计算为准。

6.7.3 碗扣架规范中风荷载的计算

碗扣架规范在风荷载计算中取消了扣件脚手架规范中的风荷载体型系数 μ_s，原因是扣件架规范存在着某些概念不清之处。就以扣件脚手架规范表 4.2.6 为例，其中脚手架状况分为三种：全封闭、半封闭和敞开，但是并没有说清这三种状况划分的条件，所以实际是无法执行的。

6.8 脚手架和模板工程专项施工方案

脚手架及模板支撑架的专项施工方案是原建设部建筑施工组织设计中的分项方案，从管理上已纳入系列。但在近些年来施工组织设计已沦为承包的敲门砖而流于形式，施工组织设计是指导施工的重要文件，其内容本应完整并有针对性，但发展到今天已变为大量传抄积累的施工资料，篇幅追求多，甚至数百页，但有用的内容却愈来愈少，这是很值得重新予以重视的。

脚手架与模板支撑架分属于两个专项施工方案，即"脚手架专项施工方案"和"模板专项施工方案"，对于较大的工程都是要专门编制的。由于施工体制发展逐步走向专业化、分包化，因而原属施工企业技术工作的一部分有很多已变为专业承包公司的工作，但专业承包公司又是以盈利为主要目的，对施工工艺又不甚了解，所编制的方案很难达到标准。尤其是模架公司的技术人员来自四面八方，技术人员的专业很大部分为机械，对结构几乎毫无所知，这就更是贯彻规范的难点。以上所提的两种架体在方案中及执行时又有很大区别：脚手架方案一般是自我独立体系，主要与结构施工相联系；而模板支撑架方案其主体为模板施工的内容，其支撑架仅为模板支撑体系的一部分，与模板的施工有紧密联系。因而必须对各种模板的施工有较深入的了解，才能编制出合格的架体施工方案。模板方案的编制目前已大大削弱，过去在木模板时代，施工单位有"资深"技师担任这项工作，要根据结构的具体尺寸，配制模板和支架，称之为"翻样"。现今已无木工技师继承这一工作，这是执行规范的重大缺憾。模板支撑架的技术难点除了本书所提出的技术要求之外，还有如何保证所施工的混凝土结构尺寸准确，这就给架体的设计带来了难题。

根据当前情况，需要对"施工方案"严格管理，在执行上采取必要的措施，以达到消灭事故的目的。

建筑施工架的专项施工方案应当包括以下内容：

(1) 工程概况：该部分应充分说明架体所服务的对象的有关参数，如楼层的总高、层高、结构轴线等；除工程结构的概况之外，还要说明施工组织设计中有关施工的工艺、施工流水步距、模板等的周转要求，以及垂直运输工具等。

(2) 架体整体设计与构造要求。

(3) 结构计算简图和结构计算书。

(4) 施工的控制要点，检查与控制等有关安全要求。

7 与模板技术相关的几个课题

7.1 概 述

本书是以建筑施工架为主题，其中除脚手架之外主要谈的是模板支撑架的结构设计，但是模板支撑架本身并非独立主体，它是模板工程中的一部分，因而不得不牵涉模板工程的设计和施工。从目前我国规范的编制情况来看，有关脚手架的有扣件式钢管架规范、碗扣式钢管架规范（此规范包含有模板支撑架）和门式脚手架规范，同时还有以模板工程为主体的《建筑施工模板安全技术规范》，说明了目前规范的界限并不明确，建筑施工架是发展中的新技术，将它们逐步系统化还要有一定的过程。

模板支撑架在建筑施工架中的比重日渐扩大，提醒我们对建筑施工架的技术不应停留在原有的概念中，注意到模板技术中的有关问题，才能使其安全应用达到全面。

模板中第一个要注意的问题是与支撑架有关的连接技术，主要是楼板模与支架之间的构造与计算；第二个问题就是模板的周转与混凝土技术；第三个问题就是模板施工技术所提出的特殊要求。

7.2 支撑架顶部构造与模板技术

顶端构造的第一个问题是与支撑架有关的连接技术。模板支撑架的最大特点存在于顶部与顶模之间的连接，这种连接具有相当大的复杂性，原因是模板的种类繁多，最通用的有胶合板模板、小钢模和大钢模等几种，因而在模板支撑架设计中时常含有模板计算的内容。其中较普遍的设想是支架上设有木梁或钢梁，并对之进行连续梁等的计算。这种设想与实际情况有出入，多数情况无承载梁。实际上由于模板支撑架立杆间距很小，一般不到2.0m，因而模板跨度弯矩基本没有问题，无论是大钢模和小钢模都可以承受，唯一需要计算的是木楞（方木），因而支撑架可分割出来，只进行自身结构的计算。将有关模板配件的计算纳入模板支撑架计算并不合适，因而支架顶端只计算"顶杆"即可。

顶端构造的第二个问题是：一般所浇注的上部结构是钢筋混凝土，其组成为主、次梁和板的结构系统，这样立杆顶端就会形成高低差，应注意该段立杆长度的选择，此外除底板外，梁侧帮稳定及侧向胀力应予考虑，主要办法是采用穿梁螺栓和梁卡箍予以承受，保证支架所承受的只有垂直荷载。

顶端构造的第三个问题，即拱梁或斜梁、斜板，此时所考虑的问题就较为复杂，一般应设专用斜梁过渡到立杆上，除了支架构造上的考虑之外，还要考虑到混凝土的流淌，因而应与混凝土浇注方案一同考虑。

7.3 模板的周转与混凝土拆模强度

7.3.1 模板的周转

现代钢筋混凝土结构的施工工艺已基本定型为现浇混凝土结构，这种结构广泛应用于高层建筑，从地下室一直到顶层全部为现场浇注，其主要施工工序是模板施工、钢筋绑扎与混凝土浇注三大工序，实际上还有一道混凝土养护的工序。以上三大工序的流水和循环就是其核心，因而模板只是施工链条上的一个环节，模板支撑架如不与这套技术相结合几乎是不可想象的。

在现代施工中连续不停的流水施工即是其基本特点，尤其高层建筑具有各层结构基本相同的特点，因而一般会采用模板（包括支架）周转使用的办法。施工程序基本上是墙柱结构→梁板结构，完成一层后再依次进入上一层，模板的周转取决于施工速度和混凝土强度增长的速度。通常墙柱混凝土承载强度要求不高（因为主要为压应力），而梁板混凝土承载强度却是质量控制的关键，需要专门控制。

以通常的高层楼房为例，首层顶板浇注完混凝土后，适当养护（达到可以上人的条件）即可施工上一层的墙、柱；墙、柱完成后即可施工上层顶板。但此时由于混凝土强度较低，首层的模板及支架不能拆除，于是二层楼板需另配模板施工，不能周转使用；同样到第三层时仍然如此，直到第四层时才可以使用第一层的模板与支架，这就是模板周转的问题。模板的周转问题首先考虑的因素是资金，周转使得配模数量减少，成本降低，但实际还有一个存料场地的问题，如全部配模，拆除之后现场也无法堆放。

模板周转问题的影响因素主要是混凝土强度，因为混凝土浇注之后的强度是随着时间而增长的，而且与养护期间的温度有关。温度高则硬化快，反之硬化慢。由于模板都是通过支架将荷载加到其下的混凝土楼板上，就需要楼板有足够的承载力才可以支撑，于是就产生了多层楼板连续支撑能力的计算问题。有的人还将这种计算列入模板支撑架的结构计算中，实际上这种想法误解了支撑架的计算。因为支撑架只是支撑其上模板和混凝土的重量，而不应再支撑隔层以上的重量，而且这也是达不到的，支架不可能承受多层架体和混凝土的重量，因为对楼板支撑能力来说只能取决于混凝土的强度，因而正确确定混凝土强度就成了问题的关键。

7.3.2 混凝土拆模强度

模板支撑架的主要作用是支撑混凝土结构的模板及其内所绑扎的钢筋和浇注的混凝土，而在混凝土达到一定强度之后予以拆除。通常情况下所拆除的模板与支撑架将在下一步的施工中予以重复利用，尤其是在多层楼房中，根据支模、绑扎钢筋、浇注混凝土和养护的工序安排时间，为下一步施工和再次利用原有模板创造条件，对在整个过程中降低成本有很大作用。在整个施工程序中，对支模、绑扎钢筋、浇注混凝土等，施工人员均可以进行计算确定，只有混凝土的养护时间是要按照混凝土强度增长规律来确定的，1992年发布的《混凝土结构工程施工及验收规范》（GB 50204—92）中的规定如表7-1所示。

现浇结构拆模时所需混凝土强度 表 7-1

结构类型	结构跨度(m)	按设计的混凝土强度标准值的百分率计(%)
板	≤2	≥50
	>2,≤8	≥75
	>8	≥100
梁、拱、壳	≤8	≥75
	>8	≥100
悬臂构件	≤2	≥75
	>2	≥100

注：本规范中"设计的混凝土强度标准值"系指与设计混凝土强度等级相应的混凝土立方体抗压强度标准值。

表 7-1 说明了拆模强度与所支撑的混凝土结构跨度有关，这一条件是很重要的，它是保证所施工结构工程质量的技术控制指标。许多工程由于没有按照上述规定而导致结构开裂甚至破坏，而解决这一问题的钥匙就是掌握混凝土强度增长规律。

7.3.3 混凝土强度增长规律

混凝土强度增长规律早在 20 世纪 50 年代已经过相当充分的试验研究，并有成熟的结果，就是 GB 50204—92 附录二温度、龄期对混凝土强度影响曲线。这一附录绘制了 325 号和 425 号（此为当时采用的水泥强度单位）普通水泥和矿渣水泥混凝土的强度—龄期曲线。该曲线以混凝土强度与龄期（这是强度增长的因素）之间的关系绘制，而以第二影响因素——温度作为第二变量，也就是将强度—龄期曲线按照不同温度来绘制。这一强度—龄期曲线图是大量试验统计的结果，具有足够的准确性，为我们判断混凝土强度提供了重要的依据，在今天看来仍有重要意义，虽然随着技术的发展，325 号水泥早已被淘汰，水泥标号普遍提高，因此有重新绘制混凝土强度—龄期曲线的需要。

仔细分析混凝土强度的增长因素可以看出，该规范所提供的曲线仍有相当的价值，原因是该强度曲线所用的强度值为强度百分率，因而混凝土强度值的绝对值高低的影响并不显著。因为强度的高低主要是由水泥的标号决定的，当然水泥用量也会有一定影响，这些影响都不能改变水泥"水化"过程的因素，虽然这一旧规范早已被废弃，但今天用来计算混凝土强度应当来说还是足够精确的。当然如果能有足够的条件绘制新的曲线，仍然是大家希望的。

7.3.4 三次幂函数曲线填补了规范空白

规范 GB 50204—92 中混凝土强度—龄期曲线虽然基本能够解决问题，但是存在着两个重大缺陷：一是该曲线是从龄期 3d 开始，0～3d 段缺失，原因是早期试验结果离散度太大而无法统计归纳；二是该曲线虽能推断强度，但温度变量是阶梯状，1、5、10、15、20、25、30、35℃，实际养护的气温却是连续变化的，所以使用这一曲线受到限制，因而一直未能得到很好的应用。

如何克服上述两个缺点就是摆在工程师面前的难题。据笔者分析，此一问题的关键是如何确定强度—龄期曲线的模拟函数，确定与试验曲线相符的曲线方程式，找到了曲线方程式即可通过数学计算予以完成。笔者通过对冬期施工技术研究，终于得到了一个强度—

龄期的模拟公式，就是"三次幂函数"方程式。

该模拟式选用龄期 T 为自变量，强度表达为三次幂函数。此式可以完全适用于强度—龄期曲线，其式如下：

$$R = aT^3 + bT^2 + cT + d \qquad (7\text{-}1)$$

式中　　R——混凝土强度百分率；

　　　　T——混凝土的龄期（d）；

a、b、c、d——待定系数。

以规范曲线中的 3 个主要龄期（7d、14d、28d）的强度百分率代入该公式中，然后用联立方程解出待定系数 a、b、c、d，即可完全确定模拟函数。上述公式当龄期为 0、强度也为 0 时，系数 d 即为 0，该公式只剩前 3 项。

依据上述办法，按照 425 号水泥混凝土归纳出硅酸盐水泥和矿渣水泥的强度—龄期曲线的公式：

$$f_T = aT^3 + bT^2 + cT$$

公式中的常数 a、b、c 列于表 7-2。

（1）硅酸盐水泥混凝土

不同养护温度下的系数见表 7-2。

硅酸盐水泥混凝土强度—龄期公式及系数表　　　　表 7-2

强度公式	$f_T = aT^3 + bT^2 + cT$					
养护温度（℃）	$f_7(f_5)$	$f_{14}(f_{10})$	f_{28}	a	b	c
1	33	51	68	0.003158	−0.2194	6.09
5	41	63	78	0.003401	−0.2653	7.55
10	49	72	88	0.005831	−0.3878	9.43
15	56	80	93	0.007410	−0.4821	11.01
20	63	89	100	0.008503	−0.5561	12.48
25	60	80	101	0.024172	−1.1626	17.21
30	65	83	102	0.029620	−1.3843	19.98
35	70	88	103	0.032847	−1.5327	20.84

注：25℃、30℃和35℃输入强度值为 f_5 和 f_{10}。

规范 GB 50204 中的强度—龄期曲线图如图 7-1，早期强度（0～5d）曲线放大图见图 7-2。

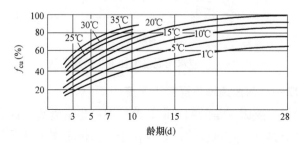

图 7-1　硅酸盐水泥混凝土强度—龄期曲线

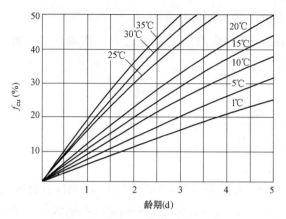

图 7-2 早期（0～5d）曲线放大图

（2）矿渣水泥混凝土

表达式及系数表见表 7-3。

矿渣水泥混凝土强度—龄期公式及系数表 表 7-3

强度公式	$f_T = aT^3 + bT^2 + c$					
养护温度（℃）	$f_7(f_5)$	$f_{14}(f_{10})$	f_{28}	a	b	c
1	15	30	48	−0.001458	0.0306	2.00
5	25	42	65	0.001579	−0.1148	4.30
10	31	57	80	−0.001700	0.0153	4.62
15	40	68	90	0.000243	−0.0128	6.60
20	45	74	100	0.001943	−0.2041	7.76
25	40	63	101	0.008278	−0.4642	10.11
30	47	71	102	0.011649	−0.6347	12.28
35	52	76	103	0.014790	−0.7818	13.94

注：25℃、30℃、35℃输入强度值为 f_5 和 f_{10}。

强度—龄期曲线见图 7-3，早期强度（0～5d）曲线图见图 7-4。

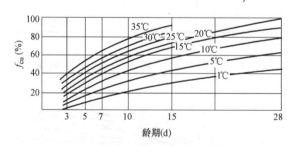

图 7-3 矿渣水泥混凝土强度—龄期曲线

7.3.5 利用强度—龄期曲线推算混凝土强度

混凝土强度的增长主要因素是龄期，但是养护温度也有着重大影响。因而要想得到较准确的推算强度方法还是有一定难度的。难点在于保持恒定温度几乎是不可能的，自然界温度是变化的，随着季节的变化会有升高或降低。除了季节的变化之外，每天的日夜也有

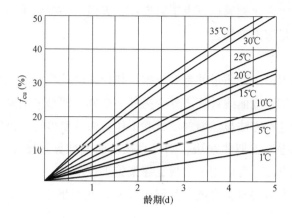

图 7-4 早期（0～5d）曲线放大图

温差，因而对温度必须有规定。目前我国的气象预报还是很普及的，每天的电视及广播都可得到，因而采用天气预报值就是不言而喻的。建议按照日来计算，选用的数值为日平均温度（也就是每天的最高温度与最低温度的平均值）。最精确的方法是逐天按日平均温度沿强度龄期曲线叠加而成。如图 7-5 所示，该图中的虚线与箭头表示推算的叠加顺序。该图表示的温度变化为第一段 0～2d 平均温度为 5℃；第二段 2d～6d，平均温度为 10℃；第三段 6d～8d，平均温度为 15℃。这样的温度变化，分别按照第一段从 0 点沿 5℃ 曲线到 2d，达到 A 点；之后绘水平线与 10℃ 曲线相交，从此交点出发，沿 10℃ 曲线延伸 4d 到达 B 点；自 B 点再次绘水平线与 15℃ 曲线相交后沿 15℃ 曲线水平延伸 2d，到达 x 点，此时的强度坐标值即为混凝土的强度值，从该实例可知第一段的强度达 18%；叠加之后第二段即达到 42%，而在第三段强度达 53%。

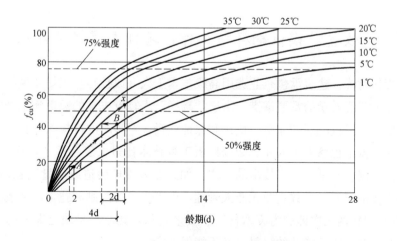

图 7-5 按强度—龄期曲线推算混凝土强度

当然在这里有一个问题就是所举实例中的温度值都是温度曲线的阶梯值，在实际计算时是不可能的。如果以日平均气温计算，日平均气温往往不会是这样的整数，而可能是曲线值的中间值，此时可采用分段温度平均值法，也可采用温度转折点处两相邻曲线的插入法予以计算，当然此方法比较繁琐。由于温度在一天内也是有变化的，因而采用阶段平均值的方法实际上也是足够准确的。

7.3.6 讨论

混凝土的强度是保证工程质量的重要数据，如何正确计算混凝土的强度一直是难于解决的问题。除了按龄期强度曲线计算之外，另外一个办法即是采用同条件试块，在需要拆模的时候压试块，而这种方法显然增加了试验工作，而且要事先安排好，否则没有试块可压。采用本书所述的强度龄期曲线法，则可直接从曲线推算强度并可达到比较准确的结果，这是一个理想的办法，可以用于模板支撑架施工技术中。

为了能使工程师掌握混凝土强度与气温的关系，现列出达到强度的天数（龄期）表，如表7-4所示。

达到50%、75%和100%强度天数（d）　　　　　　　　表 7-4

日平均气温(℃)	50%	75%	100%
1	14.0	—	—
5	9.5	24.5	—
10	7.2	17.0	—
15	5.5	14.0	—
20	4.5	11.0	28
25	3.5	8.5	21
30	3.0	7.2	18
35	2.5	6.0	16

7.4 恢复"模板翻样"工作，培训支撑架设计人才

在木模板的时代，建筑承包企业选用高级技术工人（或技师）担任"模板翻样"这一工作是当时保证工程质量的重要举措。由于"翻样"人具有丰富的模板施工经验，又有细致的思考，做到了模板配制的完整、快速和保证质量，对当时的模板工程施工起了重要的作用，在这一岗位上也培养了人才。如今模板工程技术比过去复杂多了，而且实践证明，模板从配制到支模仍然是一个高技术的工作，如无专人管理会造成质量问题而导致事故。从目前实际工作情况看，多数企业无专人管理，由工人自行配制和施工，造成模板的浪费（胶合板模几乎周转两三次即成为废木材）和质量问题，其原因是缺乏专人的培养，成为施工中的薄弱环节，既不能节约材料，又不能保证安全。

当然新的"翻样"应当比原有的老翻样在技术上提高一步，由具有理论知识的工程师来担任，从编制方案到提出配料计划，达到工作流程统一化。这样的举措可以改善模板技术由工程师、安全员、监理工程师分散管理的状态，集中起来由专人负责必然会提高管理质量，与此同时对掌握与贯彻有关的规范也是有利的，经过一定时间的锻炼必然能培养出

人才来，人才的成长必然改变现有理论脱离实际的技术状况。

7.5 立杆设计的要点

模板支撑架设计要特别注意其接头与立杆长度的配置，模板支撑架的特点一是长度是固定的，必须事先算好，不得有过大误差；二是承载力由立杆来决定。根据这两个特点，立杆接头必须保持对接，以保证支撑上部荷载，由于模板还要保证尺寸的要求，因而应给予立杆顶部以足够的调节余量（采用可调托座）。达到以上条件的最根本办法就是在支架配料计算中予以解决，不能现场临时处置。这一点对于扣件式钢管架尤其重要，因为扣件式钢管架的长度是不标准的，必须事先予以控制，绝不允许采用扣件搭接的方法调整立杆长度。

除此之外，模板支撑架立杆的间距不宜小于 0.9m，以利于施工操作，由于模板支撑架一般是封闭的，因而必须留有逃生通道，以保证混凝土浇注时看盒子的人员逃生，避免伤亡。

7.6 斜坡顶板及立墙斜支撑的设计

当混凝土屋面结构有坡度时应作专门设计，以保证支撑施工荷载的水平作用。因为在通常条件下的建筑施工架都是为承受垂直荷载而设计的，因而坡屋面模板遇到的难题就是立杆的长度是变化的，其次是斜杆要承受较大的横向力，其与立杆或横杆的连接构造也是难点，一般需要单独设计。

除了屋面结构的斜支撑体系之外，立墙结构的斜支撑也要专门设计，立墙模板有两种情况：第一种情况是两侧有模板，此时当混凝土振捣时其作用力同时作用在两侧模板上，作用力方向相反，可依靠穿墙螺栓来承受；第二种情况是模板为单侧支撑，这种情况多发生在地下室外墙，当外侧以土代模时，无法依靠穿墙螺栓来承受混凝土浇注时的侧压力，这是最为困难的情况，此时应特别注意，保证斜撑能承受模板的侧压力。斜支撑的问题应当是模板支撑架的特殊问题，一般无法采用统一的方案，应进行专门设计。

7.7 模板侧压力计算公式

7.7.1 墙柱模板侧压力计算问题

本书从施工架角度说明了模板支撑架的计算方法，该部分主要是梁板体系的支撑架结构。与此相关联的是墙及柱模板的支撑体系。该体系主要承受的荷载是横向（水平方向）荷载，支撑有两部分：第一部分是斜向支撑，第二部分主要由穿墙螺栓与横竖肋承受（因为该荷载是在浇筑过程中对称发生的）。有关墙柱模板所承受的模板荷载为"侧压力"，对于侧压力的计算在 1992 年的《混凝土结构工程施工及验收规范》GB 50204—92 即有规定，至今已有近 20 年的历史。2008 年颁发的《建筑施工模板安全技术规范》JGJ 162—

2008 又继续沿用上述公式，据笔者对该公式的研究，发现其中较主要的基本概念是错误的，与现有建筑施工技术不一致，值得研究与修改，建议采用更合理的计算公式。侧压力公式中不合理之处主要有以下几点：

（1）规范 JGJ 162—2008 中的 （4.1.1-1）式中的 3 个系数：

$$F=0.22\gamma_c t_0 \beta_1 \beta_2 V^{\frac{1}{2}}$$

① t_0 为新浇混凝土的初凝时间（h），可按试验确定。当缺乏试验资料时，可采用 $t_0=200/(T+15)$。

该初凝时间实际上不存在，并无试验方法。而所提供的 t_0 计算也无理论依据，更无法判定其在侧压力中所起的作用。

② β_1 为外加剂影响修正系数。不掺加外加剂时取 1.0，掺具有缓凝作用的外加剂时取 1.2。

根据近年来技术发展情况，外加剂的种类极多，有防冻剂、塑化剂等等，如此定义极为笼统，因而按照上述规定提出的系数值也很难与侧压力计算准确对应。

③ β_2 为混凝土坍落度修正系数，当坍落度小于 30mm 时，取 0.85；50～90mm 时，取 1.0；110～150mm 时，取 1.15。

该系数粗略看来似乎合理，但具体数值也缺乏试验和理论依据。

（2）除去上述 3 个系数不合理之外，式前的 0.22 系数及最后浇注速度的平方根，也无理论依据。此外关于浇注速度的概念也不清楚，似乎是混凝土的每小时浇注的高度。而该数值变化范围极大，以柱子为例，可能每小时浇注达 10m，甚至更多，而墙体浇注速度则与墙的厚度、长度等有关，该速度也是极难确定的。

（3）公式 （4.1.1-2），$F=\gamma_c H$。

该式的不合理性主要在于侧压力为全高度时根部的压力显然偏大，而且用的是水压力计算式（也就是纯流体），实际上混凝土是黏稠状的流体，与水的力学性能相差较远。

7.7.2　混凝土浇筑过程及其流动性分析

要对于模板侧压力的问题作合理的解答，首先应当从混凝土的浇注过程来分析。其次，要考虑混凝土拌合物的物理性能，只有正确反映这两个问题，侧压力公式才是符合实际的。

混凝土的浇筑过程实际很简单，都是自下而上，任何的柱、墙模板都不可能违反这一规律，也就是在模板里，拌合物混凝土是自底部充满模板之后再逐步向上进行浇筑，浇筑过程的另一规律是混凝土的浇筑是分层上升的，即每步高度之后要用振动器振捣，只有这样才能保证混凝土的施工质量，无空鼓、漏振、孔洞等出现。每次浇筑的高度不应超出振动棒的高度，这就是基础条件。

另外，就是要考虑混凝土拌合物从浇筑到振捣完毕其物理力学性能特点。首先，拌合物本身是黏滞性流体，浇筑过程主要性能指标是坍落度，实际上它也反映了拌合物的流动性能，坍落度大者流动性好，坍落度小者流动性差，这也是不言而喻的。对现场混凝土坍落度的观察可以知道，当混凝土坍落度达到 300mm 时，也就是混凝土拌合物达到了有如水一样的纯流体状态，拔起坍落度的锥形筒时，混凝土会完全摊开，也就是像一摊稀泥一样。如果以坍落度来判断流动性的话，坍落度为零时则可看作是无流动性的塑性体，而坍落度达到300mm时即变成完全的流体，其余的中间数值则可表示为流动性的百分率，这样即可用来计算其对侧压力的影响。

除了拌合物原有的坍落度之外，还应当看到采用振动器振捣混凝土的作用，振捣时实际上把混凝土变为完全流体状态，应按流体来计算模板的侧压力。

7.7.3 按混凝土的流动性和施工工艺计算模板侧压力

依据上一节的分析，首先建立两个概念：一是流动性系数 k_L；二是流体的侧压力可按纯流体侧压力计算，但应乘以流动性系数 k_L，流动性系数：

$$k_L = S_c/300 \tag{7-2}$$

式中　S_c——混凝土拌合物的坍落度（mm）。

浇筑混凝土对模板的侧压力：

$$F_0 = k_L \gamma_c H \tag{7-3}$$

式中　γ_c——混凝土的重量密度（kN/m^2）；

　　　H——侧模内浇筑混凝土的高度（m）。

此时的模板侧压力与水压力计算式打了一个折扣，也即侧压力小于静水压力，其缩小的比例就是侧压力系数 k_L，也就是说所浇筑的混凝土坍落度越大，则侧压力越大。也可将所得的侧压力值 F_0 称之为"静置侧压力"。

当然混凝土的浇筑过程绝非静置状态，浇筑过程是分层进行的，而且浇筑完后，立即要用振动器振捣，振捣的过程使混凝土完全"液化"，那么造成的侧压力呈三角形分布，所振捣层的混凝土底处流动性系数为1.0，而其流体高度为层高（h），则三角形压力曲线的底端为：

$$F_h = \gamma_c h \tag{7-4}$$

依据（7-2）式和（7-4）式可以分别求出在"非振捣情况下"和"振捣情况下"模板侧压力的数值。而这两个数值到底哪一个大，作为计算依据尚需按照混凝土浇筑过程分析。混凝土浇筑过程是一个变化的过程，但其顺序是明确的，自下而上分层进行，振捣混凝土的都是最上层，因而最上一段的侧压力为 F_h，呈三角形分布，而其下的混凝土都已成为"静置"的混凝土，侧压力应按 F_0 计算，将其绘制成压力曲线如图7-6所示。

从上述曲线可以看出最大侧压力发生在两处：一是上端振捣的根部为 F_h；二是整体模底部的 F_0。此二者哪个大则要看模板的总高度 H 与混凝土的坍落度 S_c（或流动性系数 k_L）。当流动性较大时 k_L 可达0.5，总高度 $H \geq 2h$ 时则 $F_0 \geq F_h$，那么最大侧压力会发生在根部。F_h 的数值较小，成为略小的侧压力数值。至于振捣深度 h，按1.0m计算应当是合理的。

7.7.4 几点讨论

（1）按照混凝土拌合物流体性能来计算，模板侧压力符合混凝土浇筑过程的物理规律，所得到的公式较原有的公式更加合理，因而以此进行计算是合理的，建议工程师们

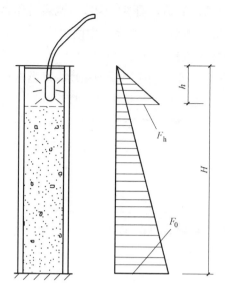

图 7-6   模板侧压力曲线

采用。

（2）此公式中未考虑到混凝土初凝的影响，所得结果可能偏大，因为如果浇筑的过程较长，根部的混凝土已初凝而失去流体的性质，因而根部侧压力有可能达不到按公式 F_0 所得的结果，但是如果考虑这个因素，现场的实际情况变化范围可能很大，所以可暂不考虑。

（3）混凝土分层浇筑高度 h 考虑为 1.0m，是否适当值得研究，按原有施工规范的规定一般接近振动棒的长度（50cm 左右）。但是近年来以泵送混凝土为主，坍落度较大，浇注速度也快，从振捣密实的角度出发，考虑 1.0m 深度还是符合实际情况的。

8 建筑施工架技术规范及其工程管理

8.1 建筑施工架技术规范

8.1.1 建筑施工架技术规范的形成及发展

建筑施工架本身是一个新生事物，它是 20 世纪 80 年代随着新型脚手架的引入与工程应用而产生的技术成果。从技术角度看，是由简单到复杂的一个过程，由于工程的需要，要规范这一技术的应用，工程师们渴求编制相应的技术规范，到 21 世纪初终于出现了第一个国家规范——《扣件式钢管架安全技术规范》JGJ 130—2001，根据该规范所处的年代还只是脚手架的技术规范，而且标明为安全技术规范，从此可以看出该规范是有相当局限性的，第一本规范出现后，建筑施工架的技术又有很大发展，除了架体品种及专利有所增加之外，最重要的发展是模板支撑架的大量应用，甚至使脚手架退至第二位。这种情况必然出现对规范的更广泛和扩大的技术要求，于是对规范编制内容有了质疑。当然首先来说就应该跨出脚手架的范围，但是单纯扩大范围还是不够的，进一步要探讨的是它是否单纯为安全技术规范。因为虽然规范应当解决安全事故的问题，但引发事故的内因却深刻、复杂得多，绝不能仅用安全问题来涵盖。从近年规范编制的研讨会上可以看出，大家对脚手架规范的内容有如下期望：

（1）对建筑施工架架体结构设计的要求；

（2）现场施工的技术要求；

（3）对架体及配件工艺和产品质量的控制要求；

（4）安全使用和管理的技术要求。

从以上要求来看，建筑施工架技术规范所涉及的专业比单纯的安全技术规范要大得多，而且还要将这些不同的专业结合在一起，形成有机的、完整的体系，可见难度之大。因而规范编制似乎不应拘泥于安全技术。

8.1.2 规范的系统化

目前我国建筑施工架规范编制的现状是摸着石头过河，是由个别到综合的过程。最早颁布的是扣件式钢管架，之后是门式钢管架，2009 年是碗扣式钢管架。最近还有支撑架规范在编制，以及旧规范的修订，此外各地区也制订了一些地方性标准，各种专利钢管架的厂家也纷纷要求制定本企业或本专利的规范，无疑这是一个很好的形势。但是也应该看到这种分散制定规范的状况必然带来不统一和执行的困难。因而相关部门极有必要作出规划，统一"标准"，消除不同规范之间的矛盾，也可以节约编制费用、提高执行效果。

规范的系统化方面建议将规范的编制分为两大类：一类是专题规范，也就是以架体的种类编制的，如现有的扣件架、门式架和碗扣架规范；另一类是综合性的规范，譬如"钢管架"规范。这种钢管架的特点是具有相同的主体结构，只是在节点构造上有差异。譬如扣件架、碗扣架、盘扣架等，可以综合起来编制一个规范。这两类规范的侧重点不同。第一类可以重点放在架体材料及配件的规格，质量及本身不同特点的结构设计和施工要求；第二类应当是具有较大综合性的规范，应当考虑各种不同种类架体的综合特点，使之具有统一性又有较大适用性，在结构设计上应当达到理论上的严密性和可行性。综合性规范应能指导专题类规范。至于地方性标准笔者建议尽量减少，以避免执行困难。

8.1.3 规范编制的指导思想

规范编制的指导思想是"理论联系实际"，原则虽然简单，但真正要做到就很难。现将其要点开列于下：

（1）对于建筑施工架技术来说，重要之处在于力学原理，只有搞清它的力学原理才能正确设计建筑施工架，并处理好施工中出现的问题。就以几何不变性来说，约80%的事故都与此有关，而解决这一问题的方法又很简单，即杆件组合要构成三角形体系，不能有四边形的情况。

当然对项目工程师来说，对理论的理解就要更进一步，譬如对中心受压杆长细比的计算、计算长度的确定方法以及承载力计算公式应当熟悉，这些其实并不复杂，但是正确理解这些基本理论是非常重要的。

（2）要善于将力学转化为浅显的概念，贯彻到施工人员中去，譬如几何不变条件，早在20世纪架子工的师徒传授即将这一技艺传承下来，如今却被遗忘。

（3）要通过实际操作来掌握规范，譬如建筑施工架的结构计算，只有通过实际架体的计算，才能真正掌握，脱离实际只在那里讨论理论是不成的，譬如建筑施工架的几何参数，如步距、横距、纵距以及杆件的长细比实际上变动范围是有限的，规范中提出过多的限制条件是没必要的。规范编制应当结合现场的实际情况，不要过多思虑不大可能出现的情况。

（4）规范的制订要注意到其服务对象，因为规范编制的目的是在工程中执行，执行者多为现场工程师，现场工程师不熟悉结构计算，过于复杂的理论不适合于规范的贯彻与执行。不论它有多么尖端，对工程实际是没有用处的。

8.2 关于建筑施工架的综合规范

8.2.1 综合性规范的特点

前面已经谈到建筑施工架规范的分类，其中"综合性规范"应当具有综合性的特点，即并非一种架体，而是多种架体，按照其共同的特点来编制规范，显然对它的要求更高、难度更大，并且对其他不同种类架体的规范更有指导作用。

当然这个规范也不可能是凭空想象的架体，而应当是综合归纳一些具有共同特点的架体种类。根据目前实际情况，具有这种特点应用最多的是横立杆十字交叉的架体。

因为从其力学特征来看它们具有相同的结构计算简图，符合网格式结构，包括在这一类里的有扣件式、碗扣式、盘扣式等架体。这类架体占各种架体的80％以上，几乎除了门式架以外，都属于这一类，从名称上来看也统一可称之为"钢管架"，如果能将这一类的规范编好，自然也就解决了建筑施工架的主要问题，因而可以将"综合类"归为"钢管架"。

值得注意的是"钢管架"除了具有广泛的代表性之外，另外一个优点是它已有了相当多的成果，因为扣件架及碗扣架规范已经给该种架体规范的编制提供了充分的资料和经验。

8.2.2　钢管架规范的主体内容

在确定规范的内容之前，首先要确定规范的名称。因为名称应当表达内容的核心，已颁布的规范在名称和内容上存在着不一致性，扣件架和碗扣架名称全部是"安全技术"规范，但其内容并非如此。当然名称问题只是其基本概念，决定规范性质和用途的仍然是其主体内容，建议综合规范的名称为"建筑施工钢管架通用设计施工技术规范"，这个名称里突出了三点：钢管架、通用和设计施工技术。其目的在于强调当前规范中的主要问题：一是突出了目前我国应用最广泛的钢管架；二是突出了设计和施工技术。因为建筑施工架安全问题的根源是结构设计及其在施工过程中的运用，是从大量经验总结所得到的。当问到建筑施工架应用效果为什么有的好、有的差，甚至有的造成倒塌，大多数现场工程师的回答是：主要在于方案编制的好坏。而方案编制中的重要内容是结构设计，这就是症结之所在。

规范应当是理论和经验高度浓缩的技术文件，不应是简单的技术总结，也不应当是资料汇总，规范的内容除应涵盖当今最新的科技成果外，应在基础理论上有明确的逻辑推理和证明。也就是说它既应当建立在牢固的基础理论之上，又应有实际经验的归纳；最终产生概念清楚、推理严密、联系实际、便于理解和掌握的标准。

基于上述编制要求可知，基础理论的应用成为编制工作的重点内容，对建筑施工架来说就是结构设计和计算，如果在内容方面发生了错误必然导致严重的后果。只有在正确理论指导下才能得出科学有用的成果，不能盲目追求尚不成熟的计算理论。事物在不断发展与前进，新的理论会不断出现，但是新出现的理论必须有足够的理论推导和证明，而且要考虑这种理论拿到实际中计算是否已经成熟。如若达不到这种程度，对于规范来说也只是画饼充饥，不能根本解决问题。

在结构计算方面的一个内容就是电脑计算的应用，在规范编制过程中有人试图将电脑计算列入规范。对此笔者认为是不适当的，因为施工架规范应当依据的是结构学原理，而不是电脑软件。规范所列只能是基本原理，而不是详细计算方法。因而有关电脑计算方法也只能是结构力学原理的运用，规范不应成为电脑软件的宣传广告。正如前面所述，应当在力学原理转化为电脑计算上予以加强。

8.2.3　新旧规范之间的衔接与调整

新规范取代旧规范是科学技术发展的必然结果。不论客观情况如何，一般是新规范颁布即宣布旧规范作废，但有关建筑施工架规范的情况并不完全如此，譬如"碗扣架规范"

这个规范的发布与"扣件架"规范无关，二者同时并存，原因是二者的主体不同，但二者也有相当多的相似之处，尤其是结构计算理论方面可以说是完全相通的。而目前来说，现场工程师会拿二者相互对照和比较，于是发现了许多矛盾之处，造成了对新规范理解的困惑和执行上不统一的问题，这一情况的出现为综合规范的编制提供了一个重要启示，即这种问题应在综合规范中予以统一。

在解决新旧之间矛盾的问题上，目前存在着一个不科学的潜规则，即搁置争论，不予分辨。这种编制和审查规范的潜规则是不符合科学发展观的，应当予以克服。解决新旧规范之间矛盾的唯一方法是辨清是非、修正错误，建立正确的新观点。只有这样才能推动科技的进步，达到创新和高质量的目标。

对于规范编制来说，上述科学观是非常重要的。这种观点应当贯彻到建筑施工架研究的全部工作中去。从碗扣式脚手架的颁布执行来看就存在着很大的问题，其关键点就在于：碗扣架规范中基本理论阐述不够充分，虽然已经规定了其结构计算方法，但是并没有强调说明与原有的扣件架规范的差别，于是两种理论混淆在一起，不能使人正确理解，还导致概念不清。其中最突出的表现就是几何不变条件以及立杆计算长度确定的原则。由于这两个原则的混淆不清，就使得立杆计算公式有所不同。当然除此之外，还有许多矛盾之处应予澄清。

8.3 建筑施工架安全问题的历史背景

建筑施工架安全事故频繁发生且没有及时解决，其客观原因是技术发展较快，许多新问题未能得到及时解决所致。但是深入考察这一问题就可以发现其影响面之宽，已经不限于建筑施工企业。影响这一问题解决的因素应该包括建筑科学研究、高等学校的专业教育，以及建筑管理机制几个大的方面，而其中的核心就是人才问题，没有足够人才必然造成现场问题频发，没有良好的规范指导现场施工使得问题变得一发不可收。

建筑施工架安全问题，从管理体制上的变革情况来看，管理的措施越来越少，技术管理削弱很多。20世纪90年代以前对建筑企业的技术管理要求多，也严格，但是从20世纪90年代之后，管理部门的职能从建筑企业管理转向房地产开发。实质性的功能变化是由科技转化为资金，这种变化可从以下几点可以看出：原来建筑企业是由生产部门管，之后就没有了生产管理部门，一步步地削弱，变成了建筑企业协会。再看科研机构也是，一些建筑研究院由专门的技术研究单位转变为"生产企业"，其研究工作已名存实亡，这种状况至今也没有改变。

建筑科学的发展主力有两个：一个是科研机构；另一个就是高等学校，因为它是培养学生的机构，国家的主要人才来源于高等学校，当然高校的教师也是我国科学人才的主力。但是近30年来这方面都有所削弱。大学里除了尖端科学之外，一般技术的研究不受重视。另一个问题就是没有确定一个科技交流平台。目前似乎在学术讨论方面只剩下科技杂志作为发表论文的平台，但杂志又充满了商业气氛，大部分要付发表费，因而成了大学生、研究生获取学位的舞台，当然也包括为获得技术晋升而发表的论文。杂志的主编也非常善于掌握原则，对于有争论的问题不予发表，对于主编本人不掌握的内容不予发表，因而目前的杂志很难成为学术讨论和交流的良好平台。

以上只是粗略地分析一下影响施工安全的客观环境因素。在这些不利条件下，工程师们还是要努力创造和改变客观环境，为施工安全作出努力。因为它是牵涉到人的生命的大事，也是专业技术工作者应毕生从事的事业。

8.4 运用科学方法研究建筑施工架

8.4.1 科研路线问题

对待任何科学技术问题，最重要的是态度，有正确的态度才能找到方向、取得成果。从目前我国的情况看，科学技术的发展是不平衡的，其中"尖端"科技受到领导重视，发展较为良好，但是大多数非尖端的科技在很大程度上受到忽视，建筑施工架即属于这类科技。因而从它开始使用到今天，事故频发一直没得到彻底解决，这就是问题的症结所在。建筑施工架的问题主要表现在以下几个方面：没有专门的领导机构主持这项工作；建筑施工架的科技研究处于自发状态；各种不同观点不能互相交流而取长补短；没有评定和判定机构，使得错误的观点继续贻误工程，新的正确观点却无法贯彻。这种状况对于编制建筑施工架规范及解决工程安全问题是极为有害的。

建筑施工架本身是个科学问题，它有自身的科学规律，必须按照规律办事才能解决问题。同时从反面来看，如果问题未能解决，说明规范和措施是不符合科学规律的。因而依靠科学的基本理论指导技术规范就变得极为重要，在此要强调的就是依照一条科学的路线才能解决这一问题。

8.4.2 加强基本理论的研究和应用

理论指导实践的原理，早已被哲学家们所证明，从现在世界科学技术的发展来看，也被大量事实所证明，但是在建筑施工架研究中却时常被忽略，这是目前研究中的薄弱环节。出现这种问题的客观原因就是掌握理论的难度大，许多人望而生畏，再加上前述的大学教育中力学课程的削弱，使得现场工程师已经很难从基础理论上来解决问题。基础理论应当是结构工程师的"基本功"，基本功对于结构工程师的重要性是不言而喻的。

应当指出的是，现代工程结构无论多么复杂，但其基本原理却不能脱出结构力学。可以说它是不能越过的理论基础，结构工程师们只有踏踏实实地掌握力学的基本原理，才能真正解决问题并取得良好的技术成果。

从规范编制、论文探讨中可以看出，在这些论文中提出的很多公式只要拿理论力学基础公式判断就可知是错的，但是很少有人指出。如果不能克服这种状况，如何达到正确的彼岸？所以说理论指导实践，说起来很简单，实现起来却是很难的。

8.4.3 要沿着承前启后的科学道路前进

科学研究的正确道路上很重要的一条是承前启后，也就是接受前人的成果，开辟新的道路，这一点在建筑施工架的研究中未得到很好的贯彻。结构学的发展已有数百年的历史，其中力学的发展也经过 200 多年，建成的建筑物更是数不胜数，这么多重要的成果应当说运用到建筑施工架中是可以解决相当多的问题的，但现在的实际情况却大相径庭。大多数论文不仅不运用这些成果，反而去追求并没有被证实的理论和公式，使人难以理解。

20 世纪 50 年代曾是我国力学大发展的时代，当时没有电脑这种工具，但是很多结构力学问题采用数学解决，例如微分方程式，力学家的一半工作是研究数学。这些公式至今仍是经典，并在工程中发挥着重要作用，例如欧拉公式即是如此。当然在建立欧拉公式之后的稳定问题也有很大发展，但仍然是以微分方程式来解决的。但是我国的情况却不是如此，几乎看不到数学公式的运用。更为遗憾的是，当提到这些公式时，很多人已不能理解。笔者认为只有深入了解前人的力学成果，才能给人启发，更好地解决问题。

理论指导的另外一种不正确的现象是：高谈理论，不作实际计算。不论什么理论，最好的检验方法就是将它拿到实际工程中去检验，即可知道其正确与否，这是判断问题的最好方法。就以"长细比限值"来说，很多人提出了严格的条件，譬如立杆长细比限制在 150 以下，这样当然是偏于安全了，但是作为双排脚手架来说，由于计算长度由拉墙件间距决定，当步距为 1.8m 时，两个步距的计算长度使 $\phi 48 \times 35$ 钢管的长细比达到了 230 以上，这就大大限制了其应用，因而长细比限值的规定还要考虑实际情况。当然技术问题很多，在此不一一列举。

8.4.4 要掌握专业技术的实质

建筑施工架的安全应用是个实际问题，在选择和应用相应的措施时，必须讲究实质，不能像现在文艺界一样，单纯追求语句和词汇的新颖，在专业技术课题中，一个词汇所代表的必须有基本概念和相应的一套逻辑推理，因为不能只用一个词汇来证明自己的创新。现在建筑施工架的研究论文里，采用创新性方法的名称很多，但是对其技术实质的叙述极少。就以半刚性假设来说，推崇该假说的人很多，但是没有一个人能说明半刚性假设的基本概念，更谈不到它的计算方法，这就给我们的科学研究带来了极大困惑。

掌握专业技术的另一要点是，对所提的科学论点和方法能掌握其内容，并能够达到实际应用的程度。这是判断该方法正确与否的一个标准。

以上的基本观点同样适用于电脑技术的应用。电脑似乎是一个无所不能的工具，于是许多人就把电脑应用看作"天神"，试图用它来解决一切问题。在建筑施工架研究中也有这种倾向。虽然任何一个科技问题全可以用计算机进行计算，但是中间必须要经过一定的转化，只有将问题的数学关系转化为计算机的信息，并经过一定的处理才能实际应用。对于建筑施工架来说也是如此，而且结构的力学原理又较为复杂，譬如桁架内力的计算，除了杆件众多之外，还与图形有关，需要符合力学原理。譬如最简单的二力合力的平行四边形定理，转化起来并不简单，因而这种转化在很大程度上需要很大的努力，对于整体结构来说，其复杂程度不言而喻，当然电脑专家会有高明的办法解决这些问题，但是首先必须给电脑软件设计者提供足够的力学原理。特别应该指出的是建筑施工架规范中，应主要提供力学计算原理，而不是直接套用电脑软件。

还有一个错误的观念，即认为某些计算软件是可以通用的，只要买来了软件就可以拿来计算。观念错误之处在于，任何软件都是针对专门问题编制的，不可能通用。尤其像建筑施工架的结构计算，它是一个前无古人的新课题，因而不可能存在现成可用的软件。除非在我们提供了足够的力学理论之后，才可能编制出可用的软件，这一点是极为重要的。

在电脑的应用方面应建立正确的概念，建立科学的力学计算原理，开发相应的软件，而不应采用笼统的电脑计算法混淆正确的电脑计算，只有这样才是真正解决问题的唯一方法。

8.5　建筑施工架的施工管理

8.5.1　建筑施工架的施工及管理要点

建筑施工架原本是施工的辅助工具，并没有专门的规范来控制和指导规则。但进入21世纪以来，其用途逐渐扩大，技术也愈来愈复杂，而事故不断发生已引起业界的注意。可以说其技术已达到专业分支类别的地步，因而必须将之纳入规范化，前面已经叙述了该规范的主要问题，即结构设计问题，但是并不是其全部。建筑施工架有了设计之后，还要进行施工，因而规范必须对施工规则提出相应的条款，而有关施工的要求也是规范组成的重要内容。从建筑施工架技术整体来看，要想保证其使用功能和安全，建筑施工架技术应当是一个综合的系统工程。尤其是当前情况下，倒塌事故并未完全杜绝，技术方法尚不完全成熟，要想扭转当前的不利形势绝非三言两语、一蹴而就的，除了科学地解决设计问题之外，在现场施工上还要下很大气力，才能扭转这种不利情况。

现场的施工一方面要遵从现有的国家规范和管理体系，另一方面也要结合建筑施工架的特点，抓住主要矛盾，才能顺利地取得效果。根据我国的现场管理制度，对于脚手架和模板支撑架都要编制专业施工方案。因而施工管理的第一步就是编制专业施工方案，这是施工技术的指导性文件，是极为重要的。方案编制的好坏，时常决定整个工程的命运。

施工方面除了要编好方案之外，就是抓好方案的执行，方案的执行过程是由搭设、检查验收到使用三个主要环节组成，但仍不算完，还有拆除也是施工中不可忽视的安全环节。由此可见，建筑施工架施工的管理过程是较长的，而且脚手架工程还要与整个结构的施工相配合，逐层进行，过程中任何一个环节出了问题，都可导致工程事故的发生。

总之，施工管理重点要抓好方案编制和现场施工管理。

8.5.2　方案编制的管理

方案编制的问题在我国大致有两种情况：一种是由施工企业项目部编制；另一种是由模架公司编制，施工企业审查。而对于大型的比较复杂的工程由模架公司编制的较多。产生这种情况的原因有二：一是施工企业项目班子的技术力量不强，回避编制的责任；二是模架公司在推广本公司的产品时，对自己的技术有较深入的了解。

客观地讲，项目班子技术力量不强，确实是客观事实，但决不应当采用回避的态度，因为一旦发生事故，责任是逃不掉的，倒不如选用基础较好的结构工程师，主动学习规范，掌握技术核心，这是杜绝事故的最合理有效的办法；第二种情况，虽然模架公司对自己的产品比较了解，但是在大多数情况下理论基础仍然是不足的，不能过分相信其技术能力，所以总的说来方案编制是一个难度较大的课题，需要施工企业和模架公司都加强学习，达到足够水平，编制出合格的方案，这一点必须严格控制。

建议方案编制采用三结合方式，即主管工程师、施工包工队或专业模架公司以及监理公司。这种三结合的方式其好处在于集思广益，可将各方的经验和知识汇集到方案中，减少技术失误；此外这个过程也是学习和提高的过程，只有经验逐步积累，才能使安全更有保障。通过编制过程中的交流和讨论也是对实施工程的一次交底。

方案编制中的结构设计应着眼在以下几点：

（1）整体结构的构造，斜杆和支撑的设置。因为这是保证结构几何不变性的核心，譬如连墙件的设置对立杆计算长度的影响。

（2）保证结构整体稳定性的措施。如双排脚手架的连墙件设置、模板支撑架风荷载作用下的计算等。

（3）对几何不变条件问题应将其道理用易于理解的方式说明，便于施工人员掌握。

对于模板支撑架由于其施工方案是模板施工方案，因而应将支撑架的结构设计图及结构计算书列于该方案内，不得忽略。

8.5.3 现场施工管理

现场施工管理的重点仍然是结构构造、斜杆设置、支撑体系及拉墙件等保证几何不变条件和整体稳定的关键部位，但是现场管理的问题应针对施工的不同条件抓住其特点。对于双排脚手架来说，由于有原来的脚手架使用经验，一般来说，以上各条件易于满足，这是其有利条件。但是脚手架配合高层建筑施工时，其整个架体的形成过程很长，它是随着结构施工逐层上升的，因而检查工作就要分为几个阶段：第一阶段即搭底阶段，此时可能只有首层所施工的结构，因而架体的配件并不齐全，只能形成架体底座形式。此时要作一个细致的检查与验收，主要是看是否符合施工设计。第一阶段之后随着架体的上升逐步与结构施工衔接，交错向上，此时应再次检查是否合乎要求。这样的检查直到封顶才能算结束。但是在很多情况下，它又是装修施工的开始，此时需按装修阶段的要求进行检查，看是否符合条件。装修阶段检查的重点是拉墙件，特别是随着工程自上而下的拆除过程，拉墙件的拆除必须保证架体整体稳定，许多重大事故即发生在此阶段。

模板支撑架的情况与双排脚手架完全不同。它的搭设过程是独立的，是模板安装前的第一步骤，只在到达顶部之后才与模板安装有交叉的情况，主要是梁侧帮板的安装与之交叉。在这里特别值得注意的就是"顶杆"的设置，它必须与模板构造上相配合。此外就是立杆的长度，前面已经讲到"翻样"的重要性就在于此，如果不按预先配置的配件安装，必然造成无法支模，于是出现了将立杆吊挂在横杆上的做法。由于上部荷载必须通过扣件传递，会形成承载力不足而破坏，这是施工中绝不允许的。此外支撑架的斜杆与支撑设置也是值得注意的，斜杆往往是最后装设，当立杆间距较小时会造成施工困难，因而建议斜杆的施工应按段进行，即立杆的搭设超过一步斜杆高度之后，先装斜杆；第一段斜杆完成之后，在立杆超过第二段时，即设第二段斜杆，如此完成全部斜杆。而最后一段与顶板连接的立杆与斜杆的施工应由支模人与搭架人相配合来完成。

现场的施工管理是一个复杂而又细致的工作，需要耐心和严格，这是保证安全的最后一步，但是只要抓住施工设计的要点，安全是可以保证的。

8.5.4 施工人员的培训

8.5.4.1 针对素质水平开展技术培训

为了保证建筑施工架的安全，必须抓住施工方案的设计及执行这两大环节，但是达到这个目标并非容易，这是由于建筑施工架技术的重点在于其结构组成及力学计算，因此要提高现有施工管理水平。以目前情况看还需揭高现场施工人员的技术素质，掌握新规范中结构力学的原理和具体计算方法，这是需要一定的努力才能达到的。由于碗扣架规范的基础是结构力学，理论性比较强，因而编制和审查方案的工程师应当是结构工程师，也就是"工民建专业"的大学毕业生，不仅如此，这些大学毕业的工程师还应很好地复习三大力学（理论力学、材料力学和结构力学），在充分掌握三大力学知识的基础上再掌握建筑施工架规范中的内容，才能编制出合格的建筑施工架专项施工方案。

提出上述要求是根据碗扣架规范发布以来执行情况的分析，因为现场工作的工程师由于没有从事过结构设计工作，在现场多是材料、进度、机械等繁杂的事务性工作，理论知识未得到很好的应用，故而应当说确实是难点。另外，由于工民建专业已细划出了预算、计划、管理等专业，这些专业的人员虽为土建工程师，但是却很难掌握理论计算的内容，因而必须强调施工方案编制者应当是结构工程师，从事建筑施工架管理的高层技术人员，包括监理公司的监理工程师以及审查施工方案的技术领导当然也要达到相应的水平。

只有在相应的技术管理人员达到上述水准，编制出的方案才可以保证安全，这是牵涉千百人员安全的重大问题，不得有任何疏忽。

除了高层技术管理人员之外，安全管理的另一个环节就是现场的安全管理人员，这部分人员多是从现场施工工人中提拔起来的具有丰富现场经验的老工人，他们的优点是经验丰富，缺点是理论知识欠缺，他们在高空坠落，物体打击、电机伤害等各方面具有丰富的经验，但是对结构的知识就显得不足。因而不能按照结构工程师的要求那样去处理。但是由于他们是基层最直接的管理人员，因而也要提高技术素质，以适应工作的需要，对他们要加强培训，掌握规范的要点内容。通过施工方案的交底工作掌握方案的概况和工作检查的要点，尤其要掌握架体构成的要点、构造要求及几何不变性的条件，其中最后一项几何不变性的条件必须掌握，并成为控制的要点。相应地应当掌握"假"节点及"虚"节点对安全的危害。

8.5.4.2 碗扣架规范要点及不足

《建筑施工碗扣式钢管架安全技术规范》（JGJ 166—2008）包含了很多重要科技成果，因而学习它可以较好地提高技术。为了能使读者对这个规范有较好的了解，现将其创新成果开列于下：

（1）首次以铰接节点假设为基础，提出了对整体结构的计算方法，达到了结构计算完整化和系统化及完全可用的程度，填补了原来规范的重大缺失。

（2）按照建筑施工架结构特点，将其归纳为网格式结构。以此理论为基础，归纳出了双排脚手架和模板支撑架两个体系的结构计算简图，形成了结构计算的基本框架。

（3）提出了网格式结构机动分析的方法，确定了几何不变的基础条件。这一重要方法指出了建筑施工架倒塌的重要原因，很多事故的发生都与此相关。

（4）对立杆计算长度这一关键问题进行了深入分析，说明了斜杆设置以及连墙件的距离对计算长度的影响，使立杆计算回到了正确的理论轨道。

（5）在架体整体稳定问题上，提出了模板支撑架在风荷载作用下的抗倾覆计算方法和相应的公式。

以上几点都是首创的，从理论角度根本性地解决了建筑施工架安全问题，在规范的学习中，是读者应当理解和掌握的。

当然该规范也有些不足之处，即对以上的核心问题突出不够，譬如铰接计算的基本假设没列入正文而成为条文说明，再如几何不变性问题是结构设计和施工中的核心问题，但只有一句话带过，没有给予结构简图和详细说明等，产生的原因主要在于规范审批与管理体制的原因。除此之外读者还可能遇到的新旧规范之间不一致的问题，这主要是由于在编制时所采用的基本理论和计算方法不同造成的。

9 专业施工方案实录与点评

9.1 概　述

本书前 8 章对建筑施工架结构设计的有关问题从理论到工程实际进行了详尽的分析和讨论,但是由于笔者提出的观点主要以经典力学为出发点,得出的结论在某种程度上不同于旧有观点,因而对读者来说可能有一定难度,为了能更好地解决这一问题,在本章中提供几个工程实例,将工程的"专业施工方案"介绍给读者,其目的,一是使大家了解最近几年建筑施工架专业施工方案编制的情况,可作为编制方案时的参考;二是通过对这些方案进行点评,说明这些方案需要改进之处。当然点评的主要依据还是本书叙述的内容,但是已与工程结合并具体化了,使读者能体会书中所述的问题,加深对问题的理解,并达到实际应用之目的。

本章的写法与前面的风格可能极不一致,是将原方案中结构设计有关内容原文实录,即不改变原来方案编制者的内容,除作少量的删改与次序的调整外,尽量保留原有的文字。点评列于实录之后,便于读者对照。

希望通过本章的内容给读者提供更多的参考,当然点评可能不够详尽或有不当之处,希望读者给予指正。

9.2　华能大厦工程地下室高大模板支撑方案

9.2.1　方案原文摘录

一、工程概况

根据高大模板支撑体系施工安全管理规定,水平混凝土构件模板支撑系统高度超过 8m 的梁板属于高大模板工程。根据此规定,本工程地下室 B1M 结构板施工存在高大模板支撑体系。在 L～P 轴处 B2 层 (−14.55m) 至 B1M 层 (−4.05m) 高差为 10.5m。结构板部分模板支撑体系高度为 10.10m,梁模板支撑体系高度为 9.50m。

二、模板支撑方案的确定

B1M 层结构板厚度 400mm,为最大跨度 7.6m×7.6m 的双向板,模板支撑体系高度 10.10m,梁最大截面尺寸为 800mm×1000mm (宽×高),梁模板最高支撑体系高度 9.50m。混凝土强度等级 C40,采用泵送商品混凝土。此部分模板支撑高度较大,在确保模板支撑架的整体强度及稳定性的前提下,综合考虑支撑架搭设的方便,决定采用扣件式钢管脚手架。

模板支架搭设高度为 10.10m，搭设尺寸为：立杆的纵距 $b=0.6$m，立杆的横距 $l=0.6$m，立杆的步距 $h=1.20$m。采用的钢管类型为 $\phi48\times3.5$。

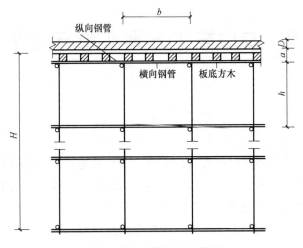

图1 楼板支撑架立面简图

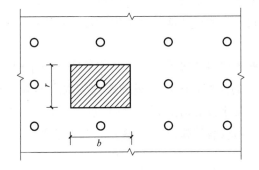

图2 楼板支撑架荷载计算单元

三、模板计算（略）

四、模板支架荷载标准值（立杆轴力）

作用于模板支架的荷载包括静荷载、活荷载和风荷载。

1. 单肢立杆静荷载标准值计算

（1）脚手架的自重（kN）：

$$N_{G1}=0.149\times10.10=1.505\text{kN}$$

（2）模板的自重（kN）：

$$N_{G2}=0.5\times0.6\times0.6=0.18\text{kN}$$

（3）钢筋混凝土楼板自重（kN）：

$$N_{G3}=25\times0.4\times0.6\times0.6=3.6\text{kN}$$

经计算得到，静荷载标准值 $N_G=N_{G1}+N_{G2}+N_{G3}=5.285$kN。

2. 活荷载为施工荷载标准值与振捣混凝土时产生的荷载

经计算得到，活荷载标准值 $N_Q=(1+2)\times0.6\times0.6=1.08$kN。

五、立杆的稳定性计算

不考虑风荷载时，立杆的稳定性计算公式：

$$\sigma = \frac{N}{\varphi A} \leq [f]$$

其中 N——立杆的轴心压力设计值，$N = 7.85\text{kN}$；

    φ——轴心受压立杆的稳定系数，由长细比 l_0/i 查表得到；

    i——计算立杆的截面回转半径，$i = 1.58\text{cm}$；

    A——立杆净截面面积，$A = 4.89\text{cm}^2$；

    σ——钢管立杆抗压强度计算值（N/mm^2）；

    $[f]$——钢管立杆抗压强度设计值，$[f] = 205\text{N/mm}^2$；

    l_0——计算长度（m）；

按照扣件式规范，由式（1）或式（2）计算

$$l_0 = k_1 \mu h \tag{1}$$

$$l_0 = h + 2a \tag{2}$$

    k_1——计算长度附加系数，取值为 1.155；

    μ——计算长度系数，参照扣件式规范的表 5.3.3；$\mu = 1.7$；

    a——立杆上端伸出顶层横杆中心线至模板支撑点的长度，$a = 0.30\text{m}$。

式（1）的计算结果：$\sigma = 51.45\text{N/mm}^2$，立杆的稳定性计算 $\sigma < [f]$，满足要求。

式（2）的计算结果：$\sigma = 32.37\text{N/mm}^2$，立杆的稳定性计算 $\sigma < [f]$，满足要求。

六、楼板强度的计算

1. 计算楼板强度说明

验算楼板强度时按照最不利情况考虑，楼板的跨度取 8.4m，楼板承受的荷载按线性均布考虑。宽度范围内配 3 级钢筋，配筋面积 $A_s = 10080\text{mm}^2$，$f_y = 360\text{N/mm}^2$。板的截面尺寸为 $b \times h = 8400\text{mm} \times 400\text{mm}$，截面有效高度 $h_0 = 380\text{mm}$。

按照楼板每 10 天浇筑一层，所以需要验算 10 天、20 天、30 天的承载力是否能满足荷载要求，其计算简图见图 3。

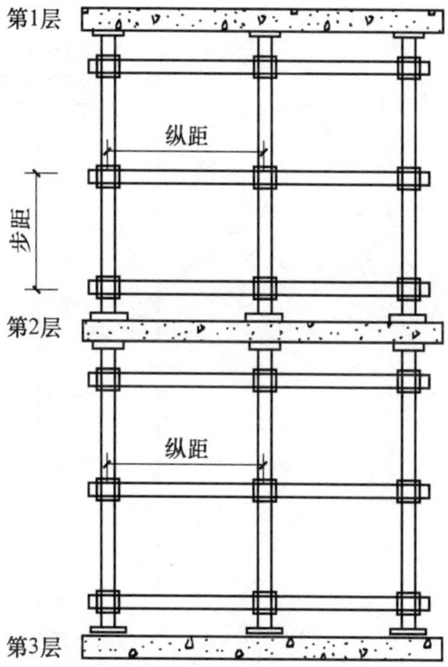

2. 计算楼板混凝土 10 天的强度是否满足承载力要求

楼板计算长边 8.4m，短边 $8.4 \times 1 = 8.4\text{m}$；

楼板计算范围内摆放 15×15 排脚手架，将其荷载转换为计算宽度内的均布荷载。

图 3 楼板强度计算简图

第 2 层楼板所需承受的荷载为：

$q = 2 \times 1.2 \times (0.5 + 25 \times 0.4) + 1 \times 1.2 \times (1.505 \times 15 \times 15/8.4/8.4) + 1.4 \times (2 + 1)$

    $= 35.16\text{kN/m}^2$

计算单元板带所承受的均布荷载 $q=8.4\times35.16=295.34\text{kN/m}$

板带所需承担的最大弯矩按照两边固接双向板计算：

$$M_{\max}=0.0513\times ql^2=0.0513\times295.34\times8.4^2=1069.05\text{kN}\cdot\text{m}$$

验算楼板混凝土强度的平均气温为 20℃，查温度、龄期对混凝土强度影响曲线，得到 10 天后混凝土强度达到 69.1%，C40 混凝土强度近似等效为 C27.64。混凝土弯曲抗压强度设计值为 $f_{cm}=13.2\text{N/mm}^2$，则可以得到矩形截面相对受压区高度：

$$\xi=A_s f_y/bh_0 f_{cm}=10080\times360/(8400\times380\times13.2)=0.086$$

查表得到钢筋混凝土受弯构件正截面抗弯能力计算系数为：

$$\alpha_s=0.086$$

此层楼板所能承受的最大弯矩为：

$$M_1=\alpha_s bh_0^2 f_{cm}=0.086\times8400\times380^2\times13.2\times10^{-6}=1376.95\text{kN}\cdot\text{m}$$

结论：由于 $\sum M_1=1376.95\text{kN}\cdot\text{m}>M_{\max}=1069.05\text{kN}\cdot\text{m}$，所以第 10 天以后的各层楼板强度之和足以承受以上楼层传递下来的荷载，第 2 层以下的模板支撑可以拆除。

附件：梁模板扣件钢管高支撑架计算书

模板支架搭设高度为 9.50m，基本尺寸为：梁截面 $B\times D=800\text{mm}\times1000\text{mm}$，梁支撑立杆的横距（跨度方向）$l=0.60\text{m}$，立杆的步距 $h=1.20\text{m}$，梁底再增加 2 道承重立杆。立面简图见图 4。

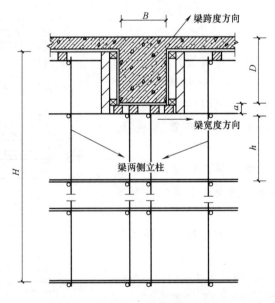

图 4 梁模板支撑架立面简图

1. 荷载的计算

(1) 钢筋混凝土梁自重：

$$q_1=25.00\times1.00\times0.60=15\text{kN/m}$$

（2）模板的自重线荷载：

$$q_2 = 0.50 \times 0.60 \times (2 \times 1.00 + 0.80)/0.80 = 1.05\text{kN/m}$$

（3）活荷载为施工荷载标准值与振捣混凝土时产生的荷载：

经计算得到：

活荷载标准值 $P_1 = (1.00 + 2.00) \times 0.80 \times 0.60 = 1.44\text{kN}$

均布荷载 $q = 1.2 \times 15 + 1.2 \times 1.05 = 19.26\text{kN/m}$

集中荷载 $P = 1.4 \times 1.44 = 2.016\text{kN}$

2. 立杆的稳定性计算

立杆的稳定性计算公式：

$$\sigma = \frac{N}{\varphi A} \leqslant [f]$$

式中 σ——钢管立杆抗压强度计算值（N/mm²）；

N——立杆的轴心压力设计值，它包括：横杆的最大支座反力 $N_1 = 7.929\text{kN}$（已经包括组合系数 1.4），脚手架钢管的自重 $N_2 = 1.2 \times 0.149 \times 9.50 = 1.699\text{kN}$；

$$N = 7.929 + 1.699 = 9.628\text{kN}$$

φ——轴心受压立杆的稳定系数，由长细比 l_0/i 查表得到；

A——立杆净截面面积，$A = 4.89\text{cm}^2$；

$[f]$——钢管立杆抗压强度设计值，$[f] = 205\text{N/mm}^2$；

如果完全参照"扣件架规范"，不考虑高支撑架，由式（1）或式（2）计算

$$l_0 = k_1 \mu h \tag{1}$$

$$l_0 = h + 2a \tag{2}$$

式中 l_0——计算长度（m）；

k_1——计算长度附加系数，按照表 1 取值为 1.185；

μ——计算长度系数，参照"扣件架规范"表 5.3.3，$\mu = 1.7$；

a——立杆上端伸出顶层横杆中心线至模板支撑点的长度，$a = 0.10\text{m}$；

式（1）的计算结果：$\sigma = 68.35\text{N/mm}^2$，立杆的稳定性计算 $\sigma < [f]$，满足要求。

式（2）的计算结果：$\sigma = 30.57\text{N/mm}^2$，立杆的稳定性计算 $\sigma < [f]$，满足要求。

如果考虑到高支撑架的安全因素，则宜由式（3）计算

$$l_0 = k_1 k_2 (h + 2a) \tag{3}$$

k_2——计算长度附加系数，按照表 2 取值为 1.031。

式（3）的计算结果：$\sigma = 38.82\text{N/mm}^2$，立杆的稳定性计算 $\sigma < [f]$，满足要求。

模板承重架应尽量利用剪力墙或柱作为连接连墙件，否则存在安全隐患。

模板支架计算长度附加系数 k_1 表 1

步距 h(m)	$h \leqslant 0.9$	$0.9 < h \leqslant 1.2$	$1.2 < h \leqslant 1.5$	$1.5 < h \leqslant 2.1$
附加系数 k_1	1.243	1.185	1.167	1.163

模板支架计算长度附加系数 k_2　　　　　　　　　　表 2

$H(m)$	$h+2a$ 或 $\mu_1 h(m)$								
	1.35	1.44	1.53	1.62	1.80	1.92	2.04	2.25	2.70
4	1.0	1.0	1.0	1.0	1.0	1.0	1.0	1.0	1.0
6	1.014	1.012	1.007	1.007	1.007	1.007	1.007	1.007	1.007
8	1.026	1.022	1.015	1.014	1.014	1.012	1.012	1.010	1.010
10	1.039	1.031	1.024	1.021	1.020	1.018	1.018	1.016	1.016
12	1.042	1.039	1.031	1.029	1.026	1.024	1.022	1.020	1.020
14	1.054	1.047	1.039	1.036	1.033	1.030	1.029	1.027	1.027
16	1.061	1.056	1.047	1.043	1.040	1.035	1.035	1.032	1.032
18	1.081	1.064	1.055	1.051	1.046	1.042	1.039	1.037	1.037
20	1.092	1.072	1.062	1.056	1.052	1.048	1.044	1.042	1.042
25	1.113	1.092	1.079	1.074	1.067	1.062	1.060	1.057	1.053
30	1.137	1.111	1.097	1.090	1.081	1.076	1.073	1.070	1.066
35	1.155	1.129	1.114	1.106	1.096	1.090	1.087	1.081	1.078
40	1.173	1.149	1.132	1.123	1.111	1.104	1.101	1.094	1.091

9.2.2　华能大厦模板支撑架专业施工方案点评

（1）该方案是 2007 年 9 月编制的，当时脚手架规范只有"扣件架规范"，该方案在支撑架结构设计部分基本遵循了"扣件架规范"的规定，应当说还是较好的。此外除了支撑架设计计算之外，还对拆除支架对主体结构的承载力的影响进行了计算，这是该方案较为突出之处。

（2）该设计计算结果安全储备过大，立杆最大应力 σ 仅为 51.45N/mm²，与计算强度值 $[f] = 205$N/mm² 相比，几乎有 4 倍的安全储备，不如加大立杆的间距，由 0.6m 提高到 0.9m，因为间距过小会造成施工困难，无法进行检查。

（3）当然由于"扣件架规范"规定上的缺失，对结构计算简图以及机动分析都没有进行，应予补充。

9.3　华能大厦工程（±0.000 以上）模板支架方案

9.3.1　方案原文摘录

一、编制依据

（1）地下工程施工组织设计；

（2）本工程地下室部分施工图纸；

（3）华能大厦工程施工合同；

（4）国家及北京市有关的规范、标准、规程、图集。

编制依据见表 1。

编制依据　　　　　　　　　　表 1

序号	类别	名　　称
1	规程规范标准法规	混凝土结构工程施工质量验收规范（GB 50204—2002）
		建筑工程施工质量验收统一标准（GB 50300—2001）
		高层建筑钢筋混凝土结构技术规程（JGJ 3—2002）
		木结构设计规程（GB 50005—2003）
		建筑结构长城杯工程质量评审标准

续表

序号	类别	名　称
1	规程规范 标准法规	建筑施工扣件式钢管脚手架安全技术规程(JGJ 130—2001)
		建设工程安全生产管理条例
		北京市危险性较大工程安全专项施工方案编制及专家论证审核办法(建质[2004]213号)
		危险性较大的分部分项工程专家论证表
		北京市建设工程现场安全监督工作规定的通知(京建施(2006)651号文,JG-8)
		北京市建筑工程施工技术管理规程(DBJ 01-80-2003)
2	其他	本企业内部质量、安全、环境程序文件,企业标准及管理制度
3	计算软件	北京恒智天成施工安全设计计算软件

二、工程概况

该工程为华能集团办公大楼，造型新颖、功能先进。总建筑面积128580m²，地下建筑面积49005m²，地上建筑面积79575m²。地下3~5层，地上11层。建筑耐火等级为一级，设防烈度8度，框架-剪力墙结构。框架抗震等级：B1层以下为三级，B1M为一级，剪力墙抗震等级为一级。地下三层为六级人防。

根据结构设计图纸，本工程地下室B1M结构板局部属于高大模板工程。在B2层（－14.55m）至B1M层（－4.05m）Ⓛ~Ⓟ轴/③~⑱轴处，长126m，宽17.25m，结构高差10.5m。结构板厚度400mm，最大跨度为7.6m×7.6m，为双向板，模板支撑体系高度10.10m。梁最大截面尺寸为800mm×1000mm（宽×高），跨度7.4m，梁模板支撑体系高度9.50m。B1M层以下所有框架柱、剪力墙等竖向结构混凝土已浇筑完。高支模板具体范围见图1、图2。

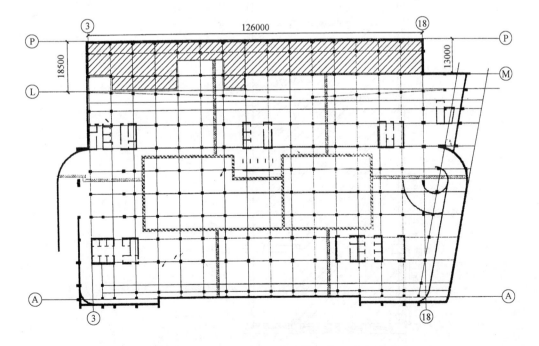

图1　B1M层③~⑱轴/Ⓛ~Ⓟ轴高大模板范围

三、施工准备（略）

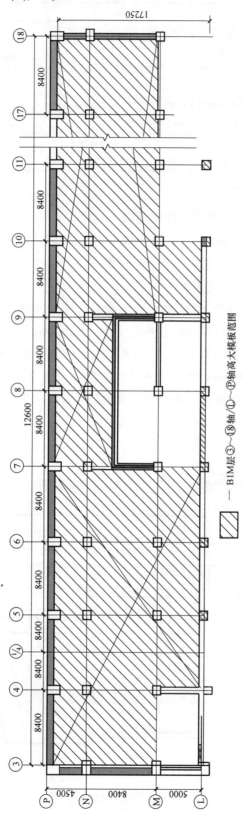

图 2 B1M层③~⑱/⑥~⑨轴高大模板范围图详图

四、模板支撑方案的确定

在B1M层结构板③～⑱轴/Ⓛ～Ⓟ轴范围，模板支撑体系高度10.1m，梁最大截面尺寸为800mm×1000mm，板厚400mm。混凝土强度等级C40，采用泵送商品混凝土浇筑。由于荷载较大，故对模板及支撑体系进行计算，在确保模板及其支撑体系强度、刚度及稳定性的前提下，兼顾支撑架搭设的方便。由于碗扣式钢管脚手架强度高，立杆稳定性好，搭拆方便，决定此部位高架支模体系采用φ48×3.5碗扣式钢管进行搭设。支撑体系详见图3、图4。

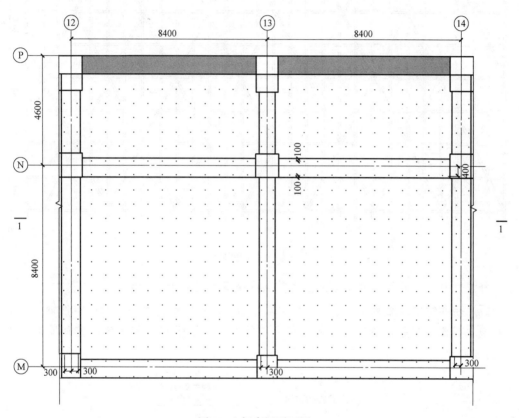

图3 立杆布置平面图

五、模板支撑架搭设要求

（1）立杆支撑在结构板上，其下一层模板支撑系统不得拆除。

（2）模板支架立杆底部应设置底座。底座下应设置长度不少于2跨、厚5cm的通长垫木，垫木宽度不小于150mm，保证混凝土顶板受力不集中到立杆下一点。立杆垂直度偏差应不大于1/500H（H为架体总高度），且最大偏差应不大于±50mm。

（3）立杆接长时接头要错开设置，相邻两立杆的接头要至少错开一步。

（4）满堂脚手架四边与中间每隔四排支架立杆应设置一道纵向剪刀撑，由底至顶连续设置。

（5）架体两端与中间每隔四排立杆从顶层开始向下每隔2步应设置一道水平剪刀撑。

（6）剪刀撑斜杆的接长宜采用搭接，剪刀撑斜杆应用旋转扣件固定在与之相交的横向

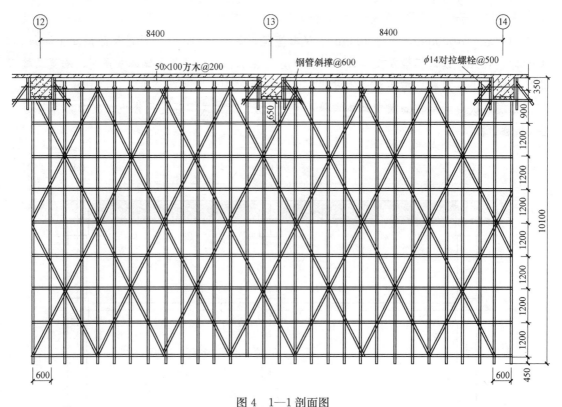

图 4 1—1 剖面图

水平杆或立杆上，旋转扣件中心线至主节点的距离不宜大于150mm。

（7）碗扣钢管满堂脚手架按2.4m步距与③～⑱轴框架柱抱牢，采用扣件钢管与框架柱相抱。其四周有剪力墙处，横杆与剪力墙撑紧，以增强满堂脚手架的整体刚度，如图5、图6所示。

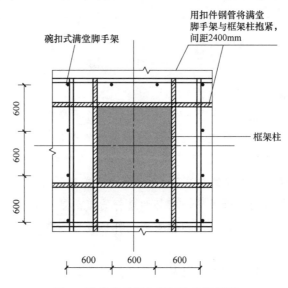

图 5 满堂脚手架与框架柱连接详图

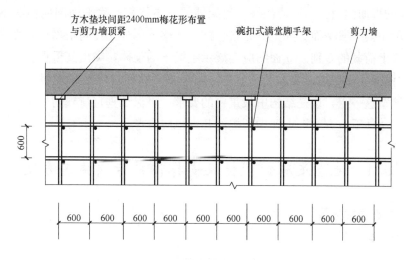

图6 剪力墙处满堂架横撑

（8）因脚手架高度太大，为防止模板支设操作人员高空坠落，在距离地面高度2.6m处设水平兜网一道，水平兜网必须同钢管脚手架连接牢固。

（9）为保证立杆的轴心受力，立杆在梁底均采用顶托顶紧，且顶托距离最上面一道水平杆不宜超过300mm。当超过300mm时，应采取可靠措施固定。

（10）搭设人员必须是经过按现行国家标准《特种作业人员安全技术考核管理规则》考核合格的专业架子工。架子工必须持证上岗。

（11）支撑体系搭设过程中，施工单位应进行检查并形成书面记录。模板支撑架搭设完成后，须按模板安装检验批质量验收记录及模板支撑架验收记录表进行验收。

（12）高大模板支撑体系搭设和使用过程中应避免集中堆载。

六、模板安装及拆除要求（略）

七、安全技术措施（略）

八、应急预案（略）

九、高大模板计算书（略）

由于此部分计算及数据与前述地下室方案相同，故略去。

9.3.2 华能大厦（±0.000以上）模板支架方案点评

（1）本方案与地下室工程方案相比有较大改进：

1）工程概况中绘制了建筑平面图，使阅读者能了解工程情况。

2）对支撑架绘制了立杆平面布置图和立面结构图。

3）在"模板支撑架搭设要求"一节对架体搭设方法提出了较细致的规定，弥补了架体平面图和立面图的不足。

（2）该方案尚需改进之处：

1）工程概况虽然绘制了总平面图，但未能展示结构重要参数，如楼层高度、柱子轴线、楼板及梁结构情况，这些参数是支撑架结构设计的主要依据，因而宜用平面图及剖面图绘出，使人一目了然。

2）架体的平面图及立面图应当展示出架体的基本概貌，除平面图应标明结构轴线之外，也可展示主要一段平面。如上一方案一样，在梁下部分立柱间距缩小，而楼板部分加大，以适应其上荷载的差别。立面图应当展示主梁下的架体，突出其重点。

3）在"模板支撑架搭设要求"一节中，漏掉了"立杆对接必须采用对接扣件，不得采用扣件搭接"这一点，这是结构中最重要的要求，可保证垂直荷载的传递。

4）此外，"地下室方案"点评中所提的几点也应参考。

9.4 地下足球馆模板及支撑体系专项施工方案

9.4.1 方案原文摘录

一、编制依据（表1）

编制依据 表1

序　号	名　　称	编　号
1	地下足球馆结构施工图纸	
2	地下足球馆工程施工组织设计	
3	混凝土结构工程施工质量验收规范	GB 50204—2002
4	建筑施工碗扣式钢管脚手架安全技术规范	JGJ 166—2008
5	建设部关于危险性较大分项工程需进行论证的文件	第213号文件
6	建筑施工高处作业安全技术规范	JGJ 80—91
7	市建委发布关于危险性较大分项工程需进行论证的文件	2006年72号文

二、工程概况

本工程为北京工业大学地下足球馆工程，地下一层，层高10.4m，板厚200mm，主梁跨度28m（900mm×2000mm），次梁跨度8m（600mm×800mm）。

三、顶板模板设计概况

顶板模板板面采用15mm厚的竹胶板，次肋采用50mm×100mm方木，间距250mm，主肋采用100mm×100mm方木，间距900mm，模板支撑采用碗扣式满堂红脚手架，$\phi48×3.0$钢管，脚手架立杆间距900mm，横杆间距1200mm，四边与中间每隔四排立杆设置一道纵、横向剪刀撑，由底至顶连续设置，两端与中间每隔四排立杆从顶层开始每隔两步设置一道水平剪刀撑，下垫厚50mm、长度不小于400mm的木板。

梁底采用竹胶板加方木配成模板，梁侧模采用竹胶板加方木配成模板；模板加固采用钢管与快拆式满堂红脚手架连接。L2（6）梁截面尺寸为600mm×800mm，中间加设一道$\phi16$穿梁螺栓，梁下支撑系统立杆间距为600mm，梁下两排立杆。YL1（1）梁截面尺寸为900mm×2000mm，加设三道$\phi16$穿梁螺栓，穿墙螺栓间距不大于600mm，梁下支撑系统立杆间距为300mm×600mm，梁下两排立杆。梁柱接头处用竹胶板加工制成定型模板。

梁板支撑系统脚手架平面图见图1，脚手架立面布置图见图2。

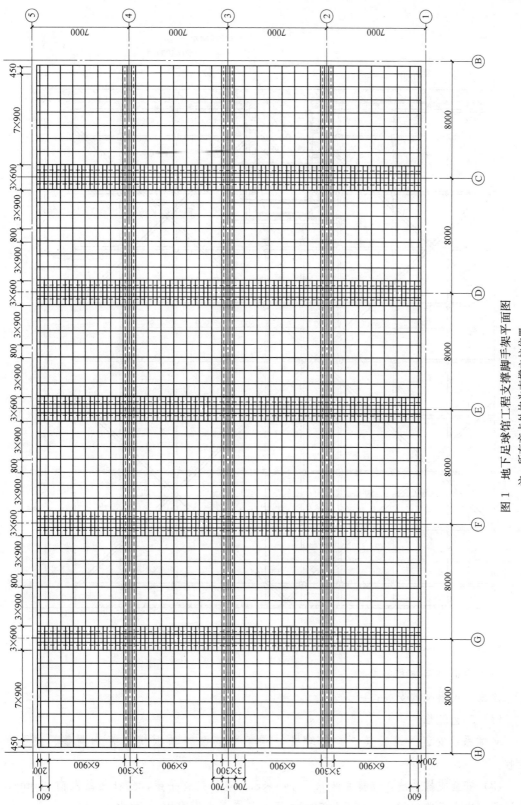

图1 地下足球馆工程支撑脚手架平面图

注：所有交点处均为支撑立柱位置

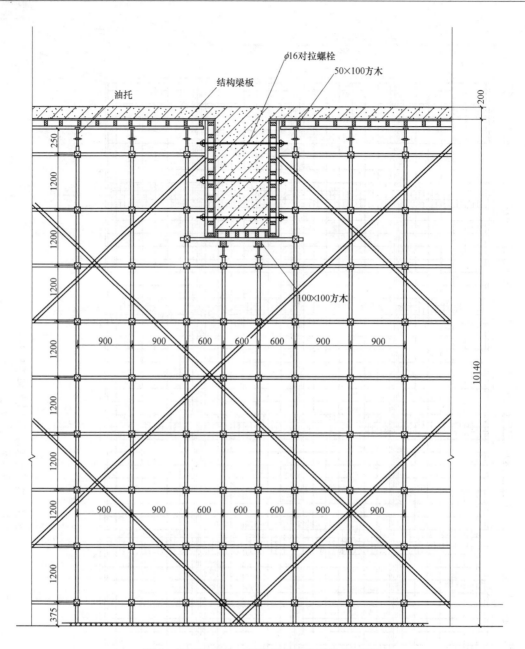

图 2　地下足球馆工程梁板支撑脚手架立面图

四、模板安装技术要求

顶板、梁模板的安装:

(1) 工艺流程

支撑系统安装→梁底模→梁筋绑扎→梁侧模安装→顶板模安装→调整、找平→验收。

(2) 安装支撑系统,支撑系统采用 $\phi48\times3.5$ 碗扣式脚手架,立杆间距双向 900mm,中间设四道水平剪刀撑、边梁下垫 50mm 厚、长度不小于 400mm 的木板。

（3）次肋采用 50mm×100mm 方木，间距 250mm，主肋采用 100mm×100mm 方木。

（4）顶板模板板面采用 15mm 厚竹胶板。

（5）起拱：主梁底起拱 40mm，次梁、板底起拱 20mm，梁边、板边不起拱。

（6）模架压缩预留量 10mm。

五、顶板模板及支撑计算

（一）计算参数

竹胶板：板厚 15mm，抗弯设计强度值 $f_d=10.5\text{N/mm}^2$，抗剪强度设计值 $f_v=1.5\text{N/mm}^2$，弹性模量 $E=5000\times0.9=4500\text{N/mm}^2$（0.9 为弹性模量调整系数）。取 1m 宽的板带为计算单元，截面抵抗矩 $W=bh^2/6=1000\times15^2\div6=37500$（$\text{mm}^3$），惯性矩 $I=bh^3/12=1000\times15^3\div12=281250$（$\text{mm}^4$）。

方木：抗弯强度设计值 $f_m=13\text{N/mm}^2$，抗剪强度设计值 $f_v=1.5\text{N/mm}^2$，弹性模量 $E=10000\times0.85=8500\text{N/mm}^2$（0.85 为弹性模量调整系数）。

50mm×100mm 方木按实际尺寸 40mm×90mm 计算，截面抵抗矩 $W=bh^2/6=40\times90^2\div6=54000$（$\text{mm}^3$），惯性矩 $I=bh^3/12=40\times90^3\div12=2430000$（$\text{mm}^4$）。100mm×100mm 方木按实际尺寸 90mm×90mm 计算，截面抵抗矩 $W=bh^2/6=90\times90^2\div6=121500$（$\text{mm}^3$），惯性矩 $I=bh^3/12=90\times90^3\div12=5467500$（$\text{mm}^4$）。

$\phi48\times3.5$ 钢管按实际壁厚 3.0mm 考虑，其参数为：$E=2.1\times10^5\text{N/mm}^2$，$I=12.18\times10^4\text{mm}^4$，$W=5.08\times10^3\text{mm}^3$。碗扣式脚手架立杆抗压设计强度值 205$\text{N/mm}^2$。

（二）楼板模板的计算

（1）荷载统计（表 2）

荷载统计　　　　　　表 2

荷载项目		荷载标准值	荷载分项系数	荷载设计值
模板自重		$6\times0.015=0.09\text{kN/m}^2$	1.2	0.108kN/m
新浇混凝土自重		$24\times0.2=4.8\text{kN/m}^2$	1.2	5.76kN/m
钢筋自重		$1.1\times0.2=0.22\text{kN/m}^2$	1.2	0.264kN/m
施工人员及设备荷载	均布	2.5kN/m^2	1.4	3.5kN/m
	集中	2.5kN	1.4	3.5kN

（2）楼板模板属于受弯构件，承受竖向荷载作用，根据实际情况按三跨等跨连续梁计算作用于 1m^2 竹胶板上的荷载，计算简图如图 3 所示：

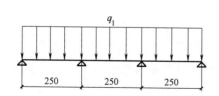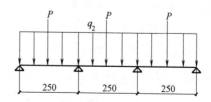

图 3 计算简图

（3）抗弯强度计算

取 1m 宽的板带作为计算单元，用于承载力验算的均布荷载设计值 $q_1=0.108+5.76+$

$0.264+3.5=9.6$kN/m，用于承载力验算的均布荷载标准值 $q_2=0.108+5.76+0.264=$
6.13kN/m，用于挠度计算的均布荷载标准值 $q_3=0.09+4.8+0.22=5.11$kN/m。

当施工荷载均布作用时，$M_1=K_M q_1 l^2=0.08\times9.6\times250^2=48000$N·mm

当施工荷载作用于跨中时 $M_2=K_{M1}q_2l^2+K_{M2}PL=0.08\times6.13\times250^2+0.175\times3.5$
$\times250=30818$N·mm。

$\sigma=M_{max}/W=48000\div37500=1.28$N/mm^2<$f_m=13$N/mm^2（符合抗弯要求）。

（4）抗剪强度计算

$$V=K_v q_1 l=0.6\times9600\times0.3=1728\text{N}$$

$\tau=3V/(2bh)=3\times1728\div(2\times1000\times15)=0.17$N/mm^2<$f_v=1.5$N/mm^2。

（5）挠度计算（略）

（6）支撑体系结构计算

支撑系统采用碗扣式钢管脚手架。

$\phi48\times3.0$ 的钢管：$A=424$mm^2

$i=15.8$mm，$l_0=h+2a=1200+2\times440=2080$mm（$l_0$ 为立杆的计算长度；h 为支架立杆的步距，取1200mm；a 为模板支架立杆伸出顶层横向水平杆中心线至模板支撑点的长度，a 取440mm），$\lambda=2080/15.8=132$。

查表得：轴心受压杆件的稳定系数 $\phi=0.386$

每根立杆承受的荷载为 10.2kN

允许承载力：$\sigma=N/\phi a=10200/(0.386\times424)=62.32$N/mm^2<$f=205$N/mm^2。

通过计算可知立杆是稳定的。

六、框架梁模板及支撑计算

梁截面尺寸主要有：次梁 600mm×800mm，主梁 900mm×2000mm。

按主梁截面 900mm×2000mm 核算梁底次肋、主肋和支撑系统。

梁面板采用 15mm 厚木胶合板，次肋竖向布置采用 50mm×100mm 的方木，中距150mm，主肋采用 $\phi48\times3.5$ 钢管，中距300mm。

（一）梁底模板的计算（略）

（二）梁次肋的计算（略）

（三）支撑梁的脚手架计算

（1）梁下中立杆稳定性计算：

$\phi48\times3.0$ 钢管：$A=424$mm^2

$i=15.8$mm，$l_0=h+2a=1200+2\times200=1600$（$l_0$ 为立杆的计算长度，h 为支架立杆的步距，h 取1200mm，a 为模板支架立杆伸出顶层横向水平杆中心线至模板支撑点的长度，a 取200mm），$\lambda=1600/15.8=101$。

查表得：轴心受压杆件的稳定系数 $\phi=0.549$；

每根立杆承受的荷载为 4031N；

（2）允许承载应力：

$\sigma = N/\phi a = 4031/(0.549 \times 424) = 17.32 \text{N/mm}^2 < f = 205 \text{N/mm}^2$。

通过计算可知立杆是稳定的。

其他略。

七、模板安装质量控制（略）。

八、模板拆除（略）

九、成品保护（略）

十、安全注意事项（略）

9.4.2 地下足球馆模板及支撑体系专项施工方案点评

（1）本方案编制于 2009 年 6 月，"碗扣式钢管架安全技术规范"已经颁布执行。因而应将规范中的内容贯彻于本方案，但是实际上该方案有关模板支撑架的内容只有 5.2.6 和 6.3 两节的内容，说明编制者并未能掌握该规范的核心概念，在该两节中只进行了模板和大梁立杆承载能力的计算。

（2）该工程为一地下单层，单跨结构，工程概况中绘制平面图和剖面图能给人以明确清晰的概念，也为绘制结构平、立面图创造了条件。

（3）本方案的架体平面图中梁下的立杆间距采用了 300mm，太小了。根据其单肢立杆承载力计算允许承载应力为 17.32N/mm^2，只为 f 值的 1/5，有极大的富余。而且 300mm 间距极难施工，操作人员无法通过，应加大为 600mm，保证施工及安全检查，架体立面图、平面图上均应改为 600mm。

（4）本方案中架体立面图没有按照斜杆必须通过立杆和横杆交叉点的原则（该原则是达到几何不变的基础），应当说明是错误的，应予以调整。

（5）本方案中立杆平面布置选用了楼板与大梁下不同密度的方案，是值得肯定的。

（6）本方案未能对几何不变性进行说明，因而斜杆设置规定显得不足，施工人员在这一问题上普遍重视得不够，施工时应予注意。

9.5 昆明市轨道交通六号线施工设计方案

9.5.1 方案原文摘录

一、工程概况及方案概况

（一）编制依据

本工程建筑施工设计图纸

《混凝土结构工程施工质量验收规范》GB 50204—2002

《建筑施工高处作业安全技术规范》JGJ 80—91

《建筑施工安全检查标准》JGJ 59—99

《建筑施工扣件式钢管脚手架安全技术规范》JGJ—2001

《建筑施工碗扣式脚手架安全技术规范》JGJ 166—2008

《方易鼎 M60 模板支撑系统产品标准》QB/HKM 6001—2010

《方易鼎 M60 模板支撑系统安装检查验收和安全使用规定》QB/M 6002—2010

（二）工程概况

昆明轨道交通 6 号线的桥梁施工项目，由多桥段构成，为预应力混凝土连续梁或简支梁。而每个桥段的标高随现场的地质有较为明显的变化。梁采用移动模架施工，待混凝土强度、弹性模量达到 90％以上，且龄期超过 9 天后，进行预应力张拉。此工程采用现浇混凝土施工方案，因此需要为施工提供模板支撑系统。

桥面结构采用通用的单孔箱型梁结构。箱梁截面纵向有变化（三种横截面），图 1 为本工程最不利情形的箱梁截面图。

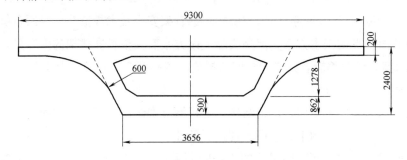

图 1 箱梁截面图

为使本方案具有代表性，特采用工程中第 5-7-4 段为例。该标段在结构上具有超高支撑结构的特点。梁底宽 3.65m，翼板宽 1.87m，其标高达到 31m，桥墩之间的长度约为 40m，而箱梁宽度只有 9.3m，具有长细比较高的特点（图 2），因而，施工设计方案中，支撑系统的承载力和稳定性两者之间，系统的稳定性尤为重要。选用稳定性较高的支撑系统，是本施工方案的重点。

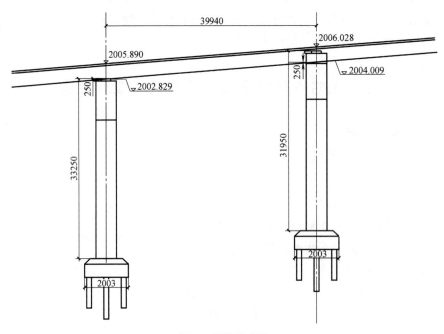

图 2 桥墩示意图

（三）本项目桥梁支撑系统的总体设计说明

1. 方案介绍

本工程采用了方易鼎 M60 模板支撑系统作为桥梁施工过程中的支撑系统，根据桥面宽度和桥梁高度并结合本支撑系统的特点进行搭建。由于方易鼎 M60 模板支撑系统具有高承载力及在超高搭建结构下的高稳定性等特点，在满足该项目对系统稳定性要求的同时，可大幅节约总用钢量，提高搭建施工速度。

根据结构梁板截面的特点，支撑梁板的支撑架立杆的横向间距采用 1.5m 和 2.4m 间隔布置，纵向采用 1.5m 间隔布置，配以水平斜杆和竖向斜杆，分别组成几何不变体的稳定塔式结构。不同的塔架间以 0.9m 横杆相连成一个整体。

横杆的步距主要为 1.5m，顶端加强为 0.5m 步距，并相应配竖向斜杆，以增加架体顶端的稳定性和承载性能。

方易鼎 M60 支撑架底部采用标准基底与可调底座配合的独特设计方式，方便调节基础平面高差，既保证架体的安装精度，又方便施工，使架子工无需手持立杆即可轻松完成调平作业。

支撑架体顶部配有可调顶托，架体净高变化可由调节立杆和可调底座、标准基座和可调顶托进行调节。

2. 施工流程（图 3）

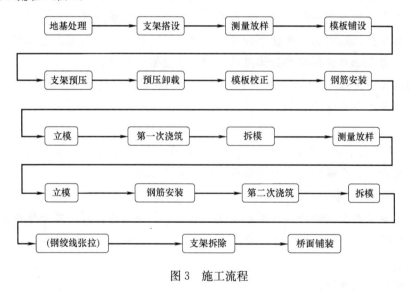

图 3　施工流程

3. 基础和地基要求

脚手架搭设支架前，必须对既有地基进行处理，以满足箱梁施工过程中承载力的要求。基于本项目长细比较高、支撑架体的高度达 30m 的特点，架体搭设地段的地基和基础要整平夯实。整体硬化的标准应符合国家相关的各项标准和安全法规，整体硬化不应低于 C15 混凝土 30cm 的标准。

在地面硬化以后，应该加强箱梁施工内的排水工作，在场地两侧开挖 30cm×30cm 排水沟，并设置引水槽，严禁在施工场地内形成积水，造成地基不均匀沉降，引起支架失稳，出现安全隐患和事故。

可调底座下，要求铺设 BU500 型钢板桩，或宽度不小于 30cm、厚度不小于 4cm 的通长方木。

地基承载力应大于 $20t/m^2$（200kPa）。

4. 方案中对部分细节的处理

由于本施工项目搭建高度达 30m，架体宽度仅 11m，属于高大型支撑架，应对方案中几个特殊部位进行有效且合理的设计。

（1）搭建高大结构时，几何不变体系的一致性及保证措施。

方易鼎 M60 系统中，充分考虑到在搭建高支撑时可能出现的位置偏移、扭曲等问题，增加了水平斜杆的设计。由于该部件的存在，能够有效保证整个架体的一致性。

为了充分保证架体上下结构的稳定和一致性，特在方案中，除底层和顶层安装水平斜杆之外，每间隔 4m 增加一组水平斜杆，以此来保证架体的稳定性并提高架体高支状态下的抗扭转能力。

（2）充分利用已有建筑结构，进一步提高架体的稳定性。

本设计方案中，因施工方要求实现连续浇筑，故采用了三组架体连续搭建，这样对桥墩形成了包围和跨越。架体组合的穿越宽度为 4.5m，而桥墩的宽度为 4.3m，架体可以近距离地将桥墩包围，并使整个架体形成整体，从而减少了由于桥墩的存在对支撑系统连续性的干扰。整个架体形成一体，进一步提高了架体的抗扭转能力。

在跨越桥墩处，采用了特殊设计的可调支撑，将上述存在的间隙进行填充，将架体紧固在桥墩上，避免了可能存在的架体扭动，形成了更紧密的连接。

该紧固层为每间隔 3m 环绕桥墩一周，为支撑系统增加了高效连墙件。

（3）作业及安全系统的增加

本设计方案中，作业安全依然是一个关注的重点。

1）系统中增加了爬梯系统，在搭建过程中或搭建后浇筑时方便施工人员上下。该系统具有搭建简便、安全等特点。设计单梯荷载不低于 150kg（安全系数为 2）。

2）作业平台和安全网

本方案提供了踏步板设计。在搭建或施工过程中，采用踏步板，便于作业人员站立及施工行走，降低体力消耗，提高作业安全性。同时，每间隔 6m 的层高搭设安全网，避免施工坠落。

（4）荷载稳定性的确认

本方案支撑系统搭建完成后，必须进行如下确认程序：

1）搭建确认：应对系统搭建的部件紧固做确认，确保连接件安装到位，并有效卡紧。

2）确认搭建的整体尺寸符合设计要求。

3）为保证箱梁混凝土结构的质量，钢管脚手架支撑搭设完毕铺设底模板后必须进行预压处理，以消除支架、支撑方木和模板的非弹性变形和地基的压缩沉降影响，同时取得支架弹性变形的实际数值，作为梁体立模的抛高预拱值数据设置的参考。在施工箱梁前需进行支架预压和地基压缩试验。

　　预压方法依据箱梁混凝土重量分布情况，在搭好的支架上堆放与梁跨荷载等重的砂袋或水箱等（梁跨荷载统一考虑安全系数为1.2），预压时间视支架地面沉降量而定，支架日沉降量不得大于2.0mm（不含测量误差），一般梁跨预压时间为三天。

　　（四）施工准备

4.1　技术准备（略）

4.2　材料准备（略）

4.3　方易鼎 M60 模板支撑系统的构件说明

　　该项目采用的方易鼎 M60 模板支撑系统的主要承重杆件立杆如图4～图7所示，采用直径为60mm的钢管制成，材质为 Q345B 高强度低合金钢。

　　理论计算和实验均证明，为提高立杆承载力，增加钢管直径的效果要远远大于增加钢管壁厚的效果。考虑到我国尚未全面实现机械化施工，很多项目还不得不手工操作的现实，60mm 直径的钢管做支撑架的立杆是非常适宜的选择。Q345B 高强度低合金钢材质的应用，在有效提高了立杆承载力的前提下，减少了架体的自重。

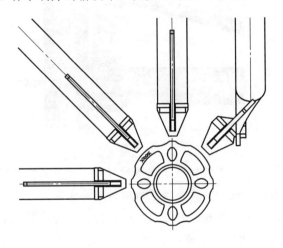

图 4

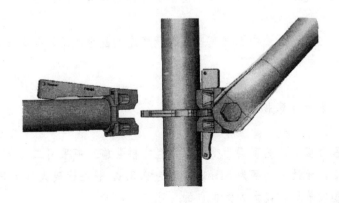

图 5

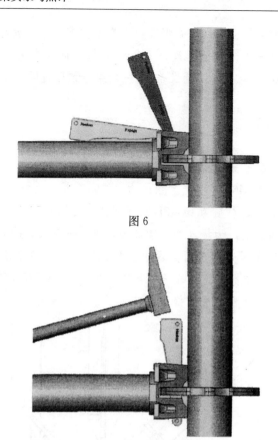

图 6

图 7

产品全部经热镀锌处理，有效保证了使用过程中不因产品生锈而造成承载力的不一致性和不确定性，从而为施工设计方案提供了有效的产品保证。

产品的连接形式，采用横杆和斜杆端头的铸钢接头上的自锁式楔形销，插入立杆上按500mm模数分布的花盘上的孔，用榔头由上至下垂直击打销子，销子的自锁部位与花盘上的孔型配合而锁死。拆除时，只有用榔头由下向上击打销子，方可解锁。此一创新设计，既保证了产品的稳定性，又极大地方便了安装和运输，全部系统均为一体，没有易丢失件。

与其他类产品相比，系统中标准底座与可调底座的配合使用，为系统起始搭建和调平提供了极大的便利。

以下略。

二、支撑系统方案计算书

（一）计算说明

（1）在本工程项目中，箱型梁为变截面，且在桥翼施工中采用二次支模，从而有效地减少了实际荷载量，而最大高度为31m，宽度为9.3m，长细比较大（图8），对系统稳定性需求较高，这些细节均构成本方案重点的关注点。

（2）为了对上述的支撑系统施工方案提供主要结构参数，特采用区域法和整体施工方案对该方案进行验证。

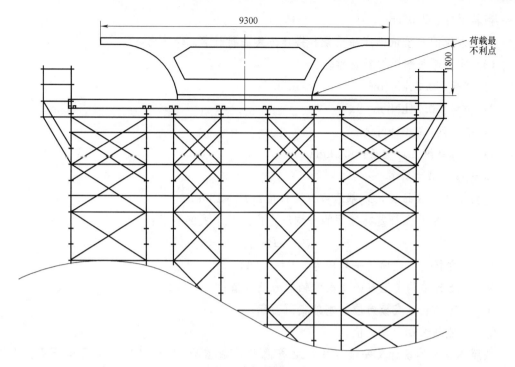

图 8　支撑系统示意

（二）荷载取值标准

在相关施工设计规范中，得出相似施工项目的各种荷载施工取值范围：

顶层木模板及胶合板自重：0.5kN/m²

混凝土密度 25kN/m³

施工人员及设备重量：2.5kN/m²

振捣混凝土时对模板平面产生的冲击荷载：2kN/m²

如图 8 中箭头所指，荷载最大的位置是位于箱梁腹板根部的立杆，而该点的立杆所支撑面积约为 1.0m²。支撑体的顶端、箱梁下方，采用工字梁或高强铝合金梁作为次梁来分布荷载。实际施工时建议优先选用工字钢梁。

（三）支撑系统的荷载与稳定性计算

1. 本项目的有关设计参数

（1）钢材的强度和弹性模量

Q345 抗拉、抗压、抗弯强度设计值　　　300N/mm²

弹性模量　　　　　　　　　　　　　　2.06×10⁵N/mm²

（2）支撑立杆的截面特性

外径：60.3mm

壁厚：3.2mm

截面积：5.74cm²

惯性矩：23.1cm⁴

截面模量：7.7cm³

回转半径：2.01cm

支撑系统的自重依据产品重量和搭建方案另行计算。

（3）支撑系统配件自重标准值：

1）踏板：0.35kN/m^2

2）护栏：0.14kN/m

3）安全网：0.01kN/m^2

4）支撑系统设计重量：9.5kg/m^3

2. 地基承载力计算

地面粗糙度取 B 类，地基承载力设计值：$f_g=130$kPa

支撑系统中的立杆基础底面的平均压力应满足下式的要求：

$$P \leqslant f_g$$

P——立杆基础底面的平均压力，$P=N/A$；

N——上部结构传至基础底面的轴向力设计值；

A——可调底座底板对应的基础底面面积；

f_g——地基承载力设计值。

按照本系统的设计及安装要求，立杆总荷载数值为 1328t（施工荷载和设备、支撑荷载）。

总的投影面积约为 360m^2（单跨）；

立杆的跨距为 1.5m，可调节底座的面积为：$0.15 \times 0.15=0.0225$mm^2；

本设计方案中，地基设计承载力为 200kPa；

则需要有效的承载面积为：66.4m^2；

依照均布荷载计算，立杆的总底面积约为：26×0.3m$\times 9$m$=70.2$m^2；

因此，在地基承载力保证在 20t/m^2 以上时，本方案设计有效。

3. 支撑系统的计算

支撑系统单立杆轴向力设计值计算：

不组合风载时：$N=1.2\sum N_{ck}+1.4\sum N_{qk}$

组合风荷载时：$N=1.2\sum N_{ck}+0.9 \times 1.4\sum N_{qk}$

上述公式中：

$\sum N_{ck}$——支撑及模板自重、新浇混凝土自重和钢筋混凝土自重标准值产生的轴向力总和。

$\sum N_{qk}$——施工人员及施工设备荷载标准值、振捣混凝土时产生的荷载标准值、风荷载标准值产生的轴向力总和。

（1）荷载分析：

空箱位置混凝土自重：$N=0.75$m$\times 25$kN/m$^3=18.75$kN/m^2

腹板位置混凝土自重：$N=1.8$m$\times 25$kN/m$^3=45$kN/m^2

（2）设计荷载：

1）设计荷载分别采用：

$$N=1.2(45\text{kN/m}^2+0.5\text{kN/m}^2)+1.4(2.5\text{kN/m}^2+2\text{kN/m}^2)=60.9\text{kN/m}^2$$

（腹板位置）

$$N=1.2(18.75\text{kN/m}^2+0.5\text{kN/m}^2)+1.4(2.5\text{kN/m}^2+2\text{kN/m}^2)=29.4\text{kN/m}^2$$

（空箱位置）

2）主梁荷载的计算：

本方案选用的是 16 号工字梁

$$I=1130\text{cm}^4$$

$$W=141\text{cm}^4$$

受力分析：承载最不利的位置是腹板位置下方的钢梁，此处工字钢的跨度为 1.5m，间距为 1.5m。按照简支梁进行验算，如图 9 所示。

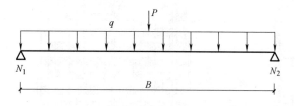

图 9 计算简图

$$q=66.3\times1.5\text{m}=99.45\text{kN/m}$$

$$M_{max}=1/8\times ql^2=1/8\times99.45\text{kN/m}\times(1.5\text{m})^2=27.97\text{kN}\cdot\text{m}$$

$$\sigma=M_{max}/W=27.97\text{kN}\cdot\text{m}/141\text{m}^3\times10^{-3}=198.37\text{N/mm}^2\leqslant[\sigma]=205\text{N/mm}^2$$

16 号工字钢作为主梁，强度满足要求。

3）支架立杆的承载力计算

荷载分析：依然采用区域法，选取本支撑方案中最不利位置的立杆进行计算。本方案中，最不利位置的立杆位于腹板位置的根部附近。

腹板下部的立杆所承担的荷载面积约为 1.0m^2。

① 荷载计算：

$$N_1=1.5\text{m}\times1\text{m}^2\times25\text{kN/m}^3=37.5\text{kN}$$

$$N_2=1.5\text{m}\times1.5\text{m}\times(2.5\text{kN/m}^2+2\text{kN/m}^2)=10.13\text{kN}$$

② 单立杆承担荷载计算：

$$\sum N=1.2N_1+1.4N_2=59.18\text{kN}$$

③ 长细比计算：

单立杆的计算长度 l_0 的计算

$$l_0=\eta h$$

$\eta=$ 支撑系统立杆的长度修正系数，取值 1.13；

$h=$ 支撑系统立杆中间层水平杆最大步距，采用 1.5m；

经计算 $l_0=1.7\text{m}=170\text{cm}$

$\lambda=l_0/i=170/1.58=107.6$，查表得 $\varphi=0.58$。

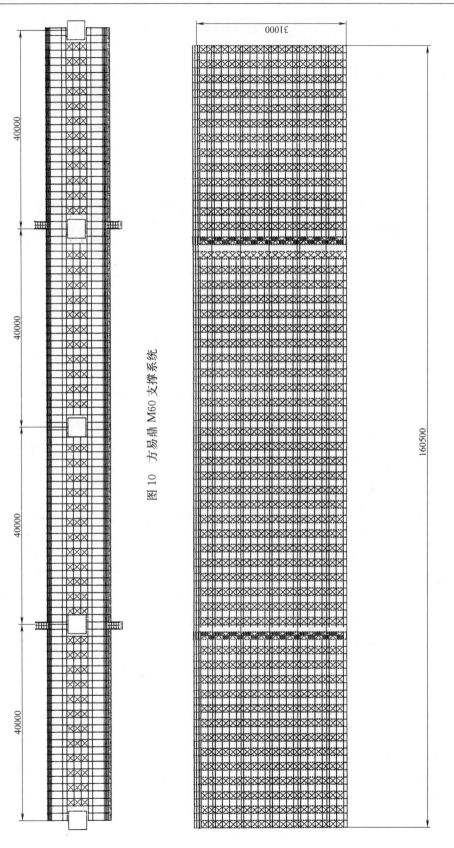

图 10 方易鼎 M60 支撑系统

图 11 水平斜杆平面布置（层/6m）

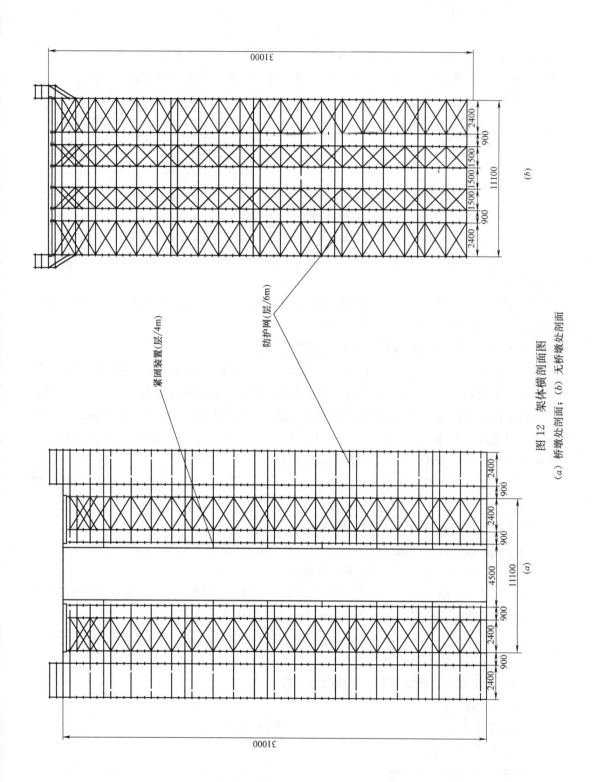

图 12 架体横剖面图

(a) 桥墩处剖面；(b) 无桥墩处剖面

4）立杆稳定性计算

计算公式：
$$\frac{N}{\varphi A} \leqslant f$$

式中 φ——轴心受压杆件的稳定系数。根据长细比取值。本计算取值 0.58；

f——钢材的抗弯、抗压、抗拉强度设计值。本计算取值 300MPa；

A——立杆的截面面积，5.74cm^2。

则：59.18kN/（0.58×5.74cm^2）＝59180N/（0.58×574mm^2）＝177.76N/mm^2＜300N/mm^2

立杆承载能力符合要求。

本工程支撑系统的施工图见图 10～图 12。

9.5.2 昆明市轨道交通六号线施工设计方案点评

（1）本工程模板支撑架设计方案是具有特点的方案，表现为以下几点：

① 非房屋结构，而是高架桥类型的模板支撑架。支架为具有一定宽度，纵为延长连续的平面。

② 该支架采用了一种插销型盘扣节点的建筑施工架，除盘扣节点外，其杆件管径采用 ϕ60，钢材采用 Q345 高强度低合金钢。

③ 架体高度达 31m，应属高型模板支撑架。

（2）该施工方案为 4 排双立杆组成的结构设计（见架体横剖面图），每组双立杆之间采用剪刀撑形成格构柱形式，4 排结构之间有横杆相连。从结构设计思想上看似乎更强调双立杆结构，因而提请设计人注意，应将整个横剖面视为整体才能加强其横向刚度。按照碗扣架规范强调的每一层需有一根斜杆的条件，它是可保证几何不变的，但在施工中一定要认识到联系横杆是整个结构的一部分，不可忽略。

（3）该方案架体的高跨比为 31/11.1，大于 2，且高度 31m，属高型架体，应作抗倾覆验算，方法可按碗扣架中的立杆拉力计算，也可按照书中提出的整体倾覆公式计算。为使读者了解计算方法，特作了计算附后。

（4）在单肢立杆承载能力计算中应增加风荷载在立杆中产生的压力。原方案中的风荷载计算有误，应按静力平衡方程式求杆件轴向力。

（5）由于桥体断面为空心断面，建议在翼板下设置施工缝，分两段施工，否则设计架体结构时应考虑浇注腹板时混凝土的侧压力将架体挤压变形。

（6）由于原施工方案中有关风荷载和抗倾覆计算是错误的，故将此部分重新计算列于后。

9.5.3 昆明市轨道交通六号线抗倾覆计算

一、风荷载计算

计算简图见图 1。

1. 风荷载标准值：$w_k = 0.7 \mu_z \mu_s w_0$，

按照《建筑结构荷载规范》GB 50009—2001，昆明市基本风压（周期 n＝50 年）w_0＝0.30kN/m^2；风压高度系数，高度 30m 时，地面粗糙度 D 类，μ_z＝0.62，钢管体形

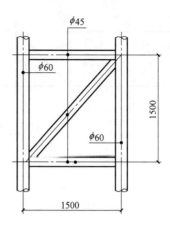

图1　风荷载计算简图

系数 $\mu_s=1.2$。

风荷载体形系数按桁架类，表7.3.1第32项，单榀桁架挡风系数：

$$\varphi_0=A_0/A$$

$$=\frac{1.5\times0.06\times2+1.5\times0.045\times2+1.5\times\sqrt{2}\times0.045}{1.5\times1.5}$$

$$=\frac{0.18+0.135+0.095}{2.25}=0.182$$

多层相连桁架整体挡风系数

$$\mu_s=\mu_{st}\frac{1-\eta^n}{1-\eta},$$

上式中 $\mu_{st}=\mu_s\varphi_0=1.2\varphi_0=1.2\times0.182=0.2184$

$b/h=1$，$\phi=0.182$，查表 $\eta=0.85$，共8排，故 $n=8$，

多排架体型系数

$$\mu_s=\mu_{st}\frac{1-\eta^n}{1-\eta}=0.2184\times\frac{1-0.85^8}{1-0.85}=1.06$$

风荷载标准值为

$$\omega_k=0.7\times0.62\times1.06\times0.30kN/m^2=0.138kN/m^2$$

2. 折算为横剖面均布荷载

$$\omega=1.4\times1.5m\times\omega_k=1.4\times1.5m\times0.138kN/m^2=0.2898kN/m$$

二、架体自重计算

1. 管件及支撑体系重量：（原方案不详）

立杆 $\phi60\times3.2$：4.78kg/m；

横杆 $\phi45\times3.0$：3.09kg/m；

斜杆 $\phi45\times3.0$，全部垂直及水平支撑均以单斜杆计算。

2. 每步（1.5m高）架体重量

两侧双排架（宽度2.4m）

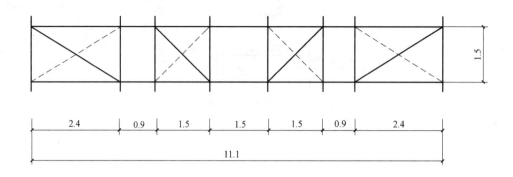

图 2 自重计算简图

2 根立杆： 2×1.5×4.78＝14.34kg

4 根 1.5 横杆： 4×1.5×3.09＝18.54

1 根 2.4 横杆： 1×2.4×3.09＝7.416

1 根 2.83 斜杆： 1×2.83×3.09＝8.744
_____

小计： 49.04

中间双排架（宽 1.5m）

2 根立杆： 2×1.5×4.78＝14.34

4 根 1.5 横杆： 4×1.5×3.09＝18.54

1 根 1.5 横杆： 1.5×3.09＝4.635

1 根 2.11 横杆： 2.11×3.09＝6.52
_____

小计： 44.035

3. 排架间连杆：(1.5＋2×0.9)×3.09＝10.20kg

4. 水平支撑：一层/6m，(2×2.11＋2×2.83)×3.09×1.5/6＝7.63kg

5. 折算成均布线荷载

每步： $q = (490.35+440.35+100.2+76.3) \div 11.1\text{m}$

$= 1107.24\text{N} \div 11.1\text{m} = 99.75\text{N/m}$

总荷载 $P = q \times 31/1.5 = 99.75 \times 31/1.5 = 2061.5\text{N/m}$

三、抗倾覆验算：

按第 4 章 (4-10) 和 (4-11) 式。

倾覆力矩： $M_\omega = \omega H^2/2 = 0.2898 \times 31^2/2 = 139.2\text{kN} \cdot \text{m}$

平衡力矩： $M_p = PL^2/2 = 2.0615 \times 11.1^2/2 = 127\text{kN} \cdot \text{m}$

抗倾覆安全系数： $K = M_p/M_\omega = 127/139.2 = 0.91$

四、结论

安全系数未达 1.0，略显不足，但考虑上部模板及钢筋重量后满足要求（计算略）。

9.6 关于专业施工方案的改进意见

从以上几个近年来的专业施工方案可以看出一些综合性的特点：

（1）专业施工方案的格式和内容大体有一个轮廓：包括编制依据、工程概况、架体方案、架体的搭设与拆除（施工）、架体的安全措施，其中包括架体质量、搭设后的检查与验收、文明施工、应急预案等。一般把结构计算放在最后，作为单独的一部分。这种方案的格式及内容已足够涵盖了应有的内容。

但是在上述内容中各分节的内容出入就很大，按照每个单位和编制人的想法不同会有很大差别。

（2）本书实录的几个方案全部是模板支撑架，说明在脚手架方面似乎问题较小，一般不请专家进行审定。

在模板专业施工方案中，支撑架只是该方案的一部分，因而编制者对模板的构造和计算花费较大的篇幅，在某种程度上削弱了支撑架的内容，这一点值得注意。因为模板部分虽然重要，但是安全却主要由支撑架来保证，因而建议在该方案中专门确定一章节加以叙述，而且其内容应包括架体的结构设计及计算。至于架体施工的内容，可以列入各个分节。

（3）工程概况的内容需要加强

工程概况是很重要的内容，因为它是架体结构设计的基础，从目前来看工程的规模都很大，而这么大的工程要用很小的篇幅予以说明，应当说是个难题，必须在充分了解的基础上予以概括。在这里应当指出的是必须明确要写的内容应重点放在下一步的架体结构设计上，即与架体有关的结构参数等内容，最好以图来表示，如平面图、剖面图等。在图中标明主要尺寸，如楼层标高、大梁及楼板尺寸等，使人一目了然。所实录的几个方案在这方面多数是不足的。

（4）架体设计的结构图也要加强。结构图是建筑施工架结构设计的基础，应选用标准区段的平面图和剖面图来显示，它是结构计算的主要参照图。尤其是平面图应注意大梁与楼板的荷载相差极大，采用不同的立杆间距是有极大好处的，既可以减少支撑杆件的数量，又可改善施工条件。特别应当指出的是立杆间距不宜小于 600mm，以便于安装操作和安全人员检查。

在剖面图和立面图上应当明确保证斜杆必须通过横立杆的交叉点（当然实际操作时会有错开，但应在规定的尺寸之内），并达到几何不变条件，这是建筑施工架的基本要求，并且也是消除倒塌事故的关键。

（5）对室外的高型模板支撑架（如实例中的昆明轨道交通六号线）要特别注意其侧向稳定。一般应作抗倾覆计算，以保证侧向稳定。

（6）除了结构设计之外，对施工有关的内容，如搭设与拆除都应特别说明有关架体保证几何不变性的条款，使几何不变的内容深入人心，成为操作人员的基本知识，以保证安全。

附　　录

附录一　Q235 钢管轴心受压构件的稳定系数 φ

φ-λ 关系表　　　　　　　　　　　　　　　　　　　附表 1-1

λ	0	1	2	3	4	5	6	7	8	9
0	1.000	0.997	0.995	0.992	0.989	0.987	0.984	0.981	0.979	0.976
10	0.974	0.971	0.968	0.966	0.963	0.960	0.958	0.955	0.952	0.949
20	0.947	0.944	0.941	0.938	0.936	0.933	0.930	0.927	0.924	0.921
30	0.918	0.915	0.912	0.909	0.906	0.903	0.899	0.896	0.893	0.889
40	0.886	0.882	0.879	0.875	0.872	0.868	0.864	0.861	0.858	0.855
50	0.852	0.849	0.846	0.843	0.839	0.836	0.832	0.829	0.825	0.822
60	0.818	0.814	0.810	0.806	0.802	0.797	0.793	0.789	0.784	0.779
70	0.775	0.770	0.765	0.760	0.755	0.750	0.744	0.739	0.733	0.728
80	0.722	0.716	0.710	0.704	0.698	0.692	0.686	0.680	0.673	0.667
90	0.661	0.654	0.648	0.641	0.634	0.626	0.618	0.611	0.603	0.595
100	0.588	0.580	0.573	0.566	0.558	0.551	0.544	0.537	0.530	0.523
110	0.516	0.509	0.502	0.496	0.489	0.483	0.476	0.470	0.464	0.458
120	0.452	0.446	0.440	0.434	0.428	0.423	0.417	0.412	0.406	0.401
130	0.396	0.391	0.386	0.381	0.376	0.371	0.367	0.362	0.357	0.353
140	0.349	0.344	0.340	0.336	0.332	0.328	0.324	0.320	0.316	0.312
150	0.308	0.305	0.301	0.298	0.294	0.291	0.287	0.284	0.281	0.277
160	0.274	0.271	0.268	0.265	0.262	0.259	0.256	0.253	0.251	0.248
170	0.245	0.243	0.240	0.237	0.235	0.232	0.230	0.227	0.225	0.223
180	0.220	0.218	0.216	0.214	0.211	0.209	0.207	0.205	0.203	0.201
190	0.199	0.197	0.195	0.193	0.191	0.189	0.188	0.186	0.184	0.182
200	0.180	0.179	0.177	0.175	0.174	0.172	0.171	0.169	0.167	0.166
210	0.164	0.163	0.161	0.160	0.159	0.157	0.156	0.154	0.153	0.152
220	0.150	0.149	0.148	0.146	0.145	0.144	0.143	0.141	0.140	0.139
230	0.138	0.137	0.136	0.135	0.133	0.132	0.131	0.130	0.129	0.128
240	0.127	0.126	0.125	0.124	0.123	0.122	0.121	0.120	0.119	0.118
250	0.117									

注：本表取自《冷弯薄壁型钢结构技术规范》GB 50018—2002。

附录二　ϕ48mm 钢管主要计算参数

一、ϕ48mm 钢管截面计算参数

ϕ48mm 钢管截面计算参数表　　　　　附表 2-1

规格 (mm)	每米重量 (kg/m)	截面积 $A(\text{cm}^2)$	惯性矩 $I(\text{cm}^4)$	惯性半径 $i(\text{cm})$	抗弯矩 $W(\text{cm}^3)$
ϕ48×2.5	2.81	3.57	9.28	1.61	3.867
ϕ48×3.0	3.33	4.24	10.78	1.59	4.492
ϕ48×3.5	3.84	4.89	12.19	1.58	5.080

二、钢管截面参数计算公式（钢管外径为 d；内径为 d_1）

1. 截面积计算式：$A=\dfrac{\pi(d^2-d_1^2)}{4}$

2. 惯性矩计算式：$I=\dfrac{\pi}{64}(d^4-d_1^4)$

3. 惯性半径计算式：$i=\dfrac{1}{4}\sqrt{d^2+d_1^2}$

4. 抗弯矩计算式：$W=\dfrac{2I}{d}$

三、ϕ48mm 钢管中心受压时极限荷载值

ϕ48mm×3.5mm 钢管中心受压极限荷载表　　　　　附表 2-2

计算长度 $l_0(\text{m})$	长细比 $\lambda=l_0/i$	折减系数 φ	极限荷载 $N=\varphi A f(\text{N})$
1.2	75.9	0.744	74582
1.8	113.9	0.489	49020
2.4	151.9	0.301	30174
3.0	189.9	0.199	19949
3.6	227.8	0.140	14034

注：$f=205\text{N/mm}^2$；$A=489\text{mm}^2$。

附录三 圆钢截面积及重量表

圆钢的直径横截面面积和重量表 附表 3-1

公称直径 （mm）	公称截面积 （mm²）	公称重量 （kg/m）	公称直径 （mm）	公称截面积 （mm²）	公称重量 （kg/m）
3	7.07	0.056	18	254.5	2.00
4	12.57	0.099	20	314.2	2.47
5	19.63	0.154	22	380.1	2.98
6	28.27	0.222	25	490.9	3.85
8	50.27	0.395	28	615.8	4.83
10	78.54	0.617	32	804.2	6.31
12	113.1	0.888	36	1018	7.99
14	153.9	1.21	40	1257	9.87
16	201.1	1.58	50	1964	15.42

附录四　碗扣式脚手架主要构配件种类、规格及重量表

主要构配件种类、规格及重量　　　　　　　　　　　　附表 4-1

名　　称	常用型号	规格(mm)	理论重量(kg)
立杆	LG-120	$\phi48\times1200$	7.05
	LG-180	$\phi48\times1800$	10.19
	LG-240	$\phi48\times2400$	13.34
	LG-300	$\phi48\times3000$	16.48
横杆	HG-30	$\phi48\times300$	1.32
	HG-60	$\phi48\times600$	2.47
	HG-90	$\phi48\times900$	3.63
	HG-120	$\phi48\times1200$	4.78
	HG-150	$\phi48\times1500$	5.93
	HG-180	$\phi48\times1800$	7.08
间横杆	JHG-90	$\phi48\times900$	4.37
	JHG-120	$\phi48\times1200$	5.52
	JHG-120+30	$\phi48\times(1200+300)$ 用于窄挑梁	6.85
	JHG-120+30	$\phi48\times(1200+600)$ 用于宽挑梁	8.16
专用外斜杆	XG-0912	$\phi48\times1500$	6.33
	XG-1212	$\phi48\times1700$	7.03
	XG-1218	$\phi48\times2160$	8.66
	XG-1518	$\phi48\times2340$	9.30
	XG-1818	$\phi48\times2550$	10.04
专用斜杆	ZXG-0912	$\phi48\times1270$	5.89
	ZXG-0918	$\phi48\times1750$	7.73
	ZXG-1212	$\phi48\times1500$	6.76
	ZXG-1218	$\phi48\times1920$	8.37
窄挑梁	TL-30	宽度 300	1.53
宽挑梁	TL-60	宽度 600	8.60
立杆连接销	LLX	$\phi10$	0.18
可调底座	KTZ-45	T38×6 可调范围≤300	5.82
	KTZ-60	T38×6 可调范围≤450	7.12
	KTZ-75	T38×6 可调范围≤600	8.50
可调托撑	KTC-45	T38×6 可调范围≤300	7.01
	KTC-60	T38×6 可调范围≤450	8.31
	KTC-75	T38×6 可调范围≤600	9.69
脚手板	JB-120	1200×270	12.80
	JB-150	1500×270	15.00
	JB-180	1800×270	17.90

附录五 风荷载计算系数

对于平坦或稍有起伏的地形，风压高度变化系数应根据地面粗糙度类别按表确定。地面粗糙度可分为 A、B、C、D 四类：

——A 类指近海海面和海岛、海岸、湖岸及沙漠地区；

——B 类指田野、乡村、丛林、丘陵以及房屋比较稀疏的乡镇和城市郊区；

——C 类指有密集建筑群的城市市区；

——D 类指有密集建筑群且房屋较高的城市市区。

风压高度变化系数 附表 5-1

离地面或海平面高度 (m)	地面粗糙度类别			
	A	B	C	D
5	1.17	1.00	0.74	0.62
10	1.38	1.00	0.74	0.62
15	1.52	1.14	0.74	0.62
20	1.63	1.25	0.84	0.62
30	1.80	1.42	1.00	0.62
40	1.92	1.56	1.13	0.73
50	2.03	1.67	1.25	0.84
60	2.12	1.77	1.35	0.93
70	2.20	1.86	1.45	1.02
80	2.27	1.95	1.54	1.11
90	2.34	2.02	1.62	1.19
100	2.40	2.09	1.70	1.27
150	2.64	2.38	2.03	1.61
200	2.83	2.61	2.30	1.92
250	2.99	2.80	2.54	2.19
300	3.12	2.97	2.75	2.45
350	3.12	3.12	2.94	2.68
400	3.12	3.12	3.12	2.91
≥450	3.12	3.12	3.12	3.12

参 考 文 献

［1］ 杜荣军. 建筑施工架实用手册 ［M］. 北京：中国建筑工业出版社，1994.

［2］ 孙训芳，方淑敏，关秉泰. 材料力学（第二版下册）［M］. 北京：高等教育出版社，1987.

［3］ 杜荣军. 扣件式钢管架的设计与计算 ［M］. 北京：建筑技术，1987，8.

［4］ 黄宝魁，徐崇宝，张铁铮等. 双排扣件式钢管脚手架整体稳定实验与理论分析 ［M］. 建筑技术，1991（9）.

［5］ 余宗明. 碗扣型脚手架结构试验 ［J］. 建筑技术开发，1991（5）.

［6］ 余宗明. 钢管脚手架铰接计算法 ［J］. 建筑技术开发，1997（3）.

［7］ 许得水. 英国临时设施工程设计计算. 建筑技术，1989（2、3、4）.

［8］ 余宗明. 脚手架结构计算及安全技术 ［M］. 北京：中国建筑工业出版社，2007.

［9］ и. п. 普洛柯费耶夫，A. Ф 斯密尔诺夫. 结构理论（第三卷） ［M］. 北京：高等教育出版社，1955.

［10］ 余宗明，刘秉浩. 冬期施工人员技术手册 ［M］. 北京：冶金工业出版社，1996.

［11］ 建筑施工扣件式钢管脚手架安全技术规范. 北京：中国建筑工业出版社，2001.

［12］ 建筑施工碗扣式钢管脚手架安全技术规范（JGJ 166—2008） ［S］. 北京：中国建筑工业出版社，2008.

［13］ 建筑结构可靠度设计统一标准（GB 50068—2001）［S］. 北京：中国建筑工业出版社，2001.

［14］ 陈骥. 钢结构稳定理论与设计（第四版）. 北京：科学出版社，2008.

［15］ 王恩惠，易成贵结构分析的矩阵方法. 北京：人民铁道出版社，1975.

［16］ 上海交通大学《有限单元体法》翻译组. 结构和连续力学的有限单元体法. 北京：国防工业出版社，1975.